中等职业教育"十三五"规划教材

# 物理辅导与自测
# （通用）

主编　王　倩

江苏大学出版社
JIANGSU UNIVERSITY PRESS

镇　江

## 内 容 提 要

本书是与中等职业教育课程《物理》（通用）配套使用的学生练习册。

本书与教材的章节顺序相同。每章都按节编排，每节包括"重点、难点"、"典型例题"和"巩固练习"，每章末尾还包括"本章自我检测题"。其中，"巩固练习"和"本章自我检测题"的题型包括：填空题、选择题、实验题、作图题和计算题等。全书最后还提供一套综合训练和参考答案。

本书可供中等职业学校各专业学生使用。

## 图书在版编目（CIP）数据

物理辅导与自测 / 王倩主编. -- 镇江：江苏大学
出版社，2013.7（2018.7 重印）
ISBN 978-7-81130-507-4

Ⅰ．①物… Ⅱ．①王… Ⅲ．①物理课－中等专业学校
－教学参考资料 Ⅳ．①G634.73

中国版本图书馆 CIP 数据核字（2013）第 139185 号

**物理辅导与自测**

---

主　　编／王　倩
责任编辑／汪再非　郑晨晖
出版发行／江苏大学出版社
地　　址／江苏省镇江市梦溪园巷 30 号（邮编：212003）
电　　话／0511-84446464（传真）
网　　址／http://press.ujs.edu.cn
排　　版／北京金企鹅文化发展中心
印　　刷／三河市祥达印刷包装有限公司
开　　本／787 mm×1 092 mm　1/16
印　　张／8.5
字　　数／191 千字
版　　次／2013 年 7 月第 1 版　2018 年 7 月第 5 次印刷
书　　号／ISBN 978-7-81130-507-4
定　　价／28.00 元

---

如有印装质量问题请与本社营销部联系（电话：0511-84440882）

# 编者的话

本书是中等职业教育课程《物理》（通用）的配套用书，是依据《中等职业学校物理教学大纲》的要求编写的。

本书 1-7 章根据教材的章节编排，每章都以节为单位，每节包括"重点、难点"、"典型例题"和"巩固练习"，每章末尾还包括"本章自我检测题"。其中，"巩固练习"和"本章自我检测题"的题型包括：填空题、选择题、实验题、作图题和计算题等。综合训练对全书内容进行总结、复习和提高。参考答案供学生查阅。

本书的编写层次结构清晰，每一节均先进行知识结构梳理，对重点、难点进行总结；随后对典型例题进行分析，培养学生能力；最后安排巩固练习，强化学生对知识的掌握。在题型安排上，采用多种题型设置，降低习题难度，真正遵循新大纲的要求，结合学生实际，培养学生的兴趣，提高学生学习的积极性和主动性。

在编写过程中，我们参考了大量的文献资料。在此，向有关作者表示诚挚的谢意。

由于编写时间仓促，编者水平有限，书中疏漏与不当之处在所难免，敬请广大读者批评指正。

本书配有精美的教学课件和课后习题答案，读者可登录北京金企鹅文化发展中心网站（www.bjjqe.com）下载。

编　者

2018 年 6 月

# 目　　录

第 1 章　运动与力 ························· 1

1.1　运动的描述 ······················· 1

1.2　匀变速直线运动 ··················· 5

1.3　重力、弹力、摩擦力 ··············· 8

1.4　力的合成与分解 ·················· 13

1.5　牛顿运动定律 ···················· 16

本章自我检测题 ······················· 21

第 2 章　机械能 ························· 24

2.1　功与功率 ······················· 24

2.2　动能与动能定理 ·················· 28

2.3　势能与机械能守恒定律 ············· 31

本章自我检测题 ······················· 36

第 3 章　热现象及其应用 ················· 40

3.1　分子动理论 ······················ 40

3.2　能量的转换与守恒 ················· 43

本章自我检测题 ······················· 46

第 4 章　直流电路与安全用电 ············· 49

4.1　电阻定律 ······················· 49

4.2　串联电路和并联电路 ··············· 53

4.3　电功与电功率 ···················· 57

4.4　全电路欧姆定律 ·················· 61

4.5　安全用电 ······················· 64

本章自我检测题 ······················· 66

第 5 章　电场、磁场与电磁感应 ··········· 69

5.1　电荷与电场 ······················ 69

5.2　电势能、电势与电势差 ············· 73

5.3 磁场与磁感强度 ·············································· 76

5.4 磁场对电流的作用 ·········································· 80

5.5 电磁感应 ····················································· 83

5.6 自感与互感 ·················································· 86

本章自我检测题 ················································· 90

**第6章 光现象及应用** ······································· 94

6.1 光的全反射 ·················································· 94

6.2 激光的特性及应用 ·········································· 98

本章自我检测题 ················································ 100

**第7章 核能及应用** ········································· 103

7.1 原子结构 ···················································· 103

7.2 核能与核技术 ·············································· 105

本章自我检测题 ················································ 109

**综合训练** ····················································· 112

**参考答案** ····················································· 116

# 第1章 运动与力

## 1.1 运动的描述

### 【重点、难点】

1．参照物

同一个运动物体，如果选取的参照物不一样，对物体运动的描述也不一样；比较两个物体的运动情况，必须选取同一个参照物；一般在没有特殊指明的情况下，通常选取地面作为参照物．

2．质点

质点是一种理想化的物理模型；一个物体能否抽象成质点是以其大小和形状对所研究的问题影响程度为标准来决定的．

3．时刻与时间

时刻是一瞬间，是状态量，表示为时间轴上的一点；时间是一过程，是过程量，表示为时间轴上两点间线段的长度．

4．位移和路程

位移用来描述质点位置的变化，而路程是物体运动轨迹的实际长度；位移是矢量，路程是标量，二者意义不同；位移的大小有可能等于路程，但是不可能大于路程．

5．速度和速率

速度是矢量，并且具有相对性，当参照物改变时，速度也将改变；速率不表示物体的运动方向，是标量，它表示速度的大小．

### 【典型例题】

**例题1** 下列情况的物体，哪些可看作质点来处理（ ）．

A．放在地面上的木箱，在上面的箱角处用水平推力推它，木箱可绕下面的箱角运动

B．放在地面上的木箱，在其箱高的中点处用水平推力推它，木箱在地面上滑动

C．做花样滑冰的运动员

D．研究钟表时针的转动情况

**分析** 如果物体的大小、形状在所研究的问题中属于次要因素，可忽略不计，该物体就可看作质点．A 项中箱子的转动，C 项中花样滑冰运动员，都有着不可忽略的旋转等动作，其各部分运动情况不同，所以不能看作质点．同理，钟表转动的时针也不能看作质点．B 项中箱子平动，可视为质点，故 B 项正确．

**例题 2** 甲、乙两辆汽车沿平直公路从同一地点驶向同一目标，甲车在前一半时间内以速度 3 m/s 做匀速运动，后一半时间内以速度 5 m/s 做匀速运动；乙车在前一半路程内以速度 3 m/s 做匀速运动，后一半路程内以速度 5 m/s 做匀速运动，问甲和乙谁先到达？

**分析** 同样的路程，运动时间短的先到达．而运动时间取决于平均速度，可以根据 $t = \dfrac{s}{v}$，平均速度大的先到达．

**解** 设路程为 $s$，则

$$s = \frac{t_\text{甲}}{2} \times 3 + \frac{t_\text{甲}}{2} \times 5 = 4\,t_\text{甲} \Rightarrow t_\text{甲} = \frac{1}{4}s$$

$$t_\text{乙} = \frac{s}{2 \times 3} + \frac{s}{2 \times 5} = \frac{4}{15}s$$

通过比较：$t_\text{甲} < t_\text{乙}$，所以甲先到达．

## 【巩固练习】

## 练 习 1.1

1．填空题．

（1）小明乘车回家，小明看到窗外的树木、房屋在往后退，这是以_____为参照物；乘电梯上楼，透过电梯房的玻璃看到楼房在向下降，这是以_____为参照物．

（2）一个皮球从 4 m 高的地方竖直落下，碰地后反弹跳起 2 m，它所通过的路程是_____m，位移是_____m，该皮球最终停在地面上，在整个过程中皮球的位移是_____m．

（3）汽车沿一直线单向运动，第一秒内通过 5 m，第二秒内通过 10 m，第三秒内通过 30 m 后停下，则前两秒内的平均速度是_____ m/s，后两秒内的平均速度为_____ m/s，全程的平均速度等于_____ m/s.

2．选择题（可能不止一个正确答案）.

（1）甲、乙、丙 3 架观光电梯，甲中乘客看一高楼在向下运动；乙中乘客看甲在向下运动；丙中乘客看甲、乙都在向上运动. 这 3 架电梯相对地面的运动情况是（　　）.

    A．甲向上、乙向下、丙不动

    B．甲向上、乙向上、丙不动

    C．甲向上、乙向上、丙向下

    D．甲向上、乙向上、丙也向上，但比甲、乙都慢

（2）下列说法中正确的是（　　）.

    A．体积、质量都极小的物体都能看成质点

    B．当研究一列火车全部通过桥所需的时间时，可以把火车视为质点

    C．研究自行车的运动时，因为车轮在转动，所以无论研究哪方面，自行车都不能视为质点

    D．各部分运动状态完全一致，大小和形状可忽略的物体可视为质点

（3）下列关于描述中指的是时间间隔的是（　　）.

    A．从北京开往西安的火车预计 14 点到达

    B．某足球比赛伤停补时 3 min

    C．中央电视台的新闻联播每晚 19 点准时开播

    D．火车晚点了半小时

（4）为了使高速公路交通有序、安全，路旁立了许多交通标志. 图 1-1a 是限速路标，表示允许行驶的最大速度是 110 km/h；图 1-1b 是路线指示标志，表示到泉州还有 100 km. 上述两个数据的物理意义是（　　）.

    A．110 km/h 是瞬时速度，100 km 是路程

    B．110 km/h 是平均速度，100 km 是路程

    C．110 km/h 是瞬时速度，100 km 是位移

    D．110 km/h 是平均速度，100 km 是位移

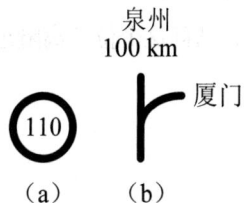

（a）　　（b）

图 1-1

3. 实验题.

（1）已知不同的工具测量某物体的长度时，有下列不同的结果：

    A．2.4 cm     B．2.37 cm     C．2.372 cm     D．2.372 1 cm

其中，用最小分度值为厘米的刻度尺测量的结果是_____；用有 10 个等分刻度的游标卡尺测量的结果是_____.

（2）图 1-2a 为用螺旋测微器测量工件；图 1-2b 为用有 50 个等分刻度的游标卡尺测量工件. 请分别读出它们的读数，甲：读数为_____mm，乙：读数为_____mm.

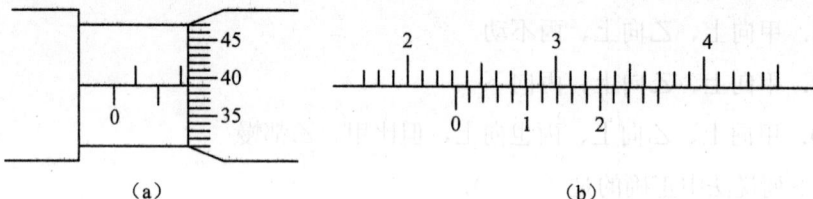

图 1-2

4. 计算题.

（1）在 2009 年 8 月柏林世界田径运动会上，牙买加选手博尔特被公认为世界飞人，在男子 100 m 决赛和男子 200 m 决赛中分别以 9.58 s 和 19.19 s 的成绩破两项世界纪录，获得两枚金牌. 请问他在这两项比赛中的平均速度是多少？

（2）如图 1-3 所示，一修路工在长为 $S = 100$ m 的隧道中，突然发现一列火车出现在离右隧道口 $S_0 = 200$ m 处，修路工所处的位置恰好在无论向左还是向右跑均能安全脱离危险的位置. 请问这个位置离隧道右出口距离是多少？他奔跑的最小速度至少应是火车速度的多少倍？

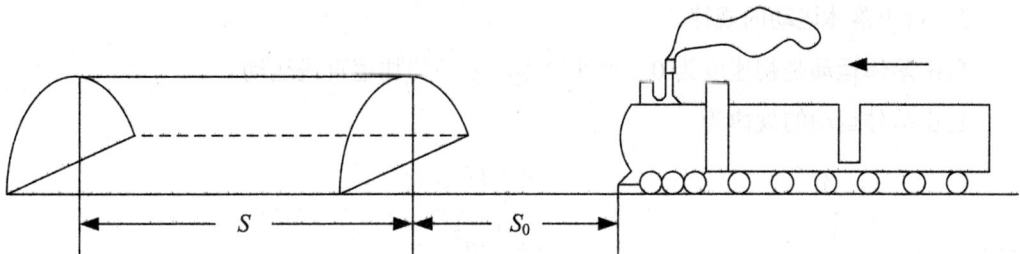

图 1-3

# 1.2   匀变速直线运动

## 【重点、难点】

1．加速度

**加速度**是速度的改变量与发生此改变所用时间的比值，是矢量，方向与速度变化方向相同，而与速度方向没有必然联系；加速度的符号只表示方向，加速度为正表示加速度的方向与所规定的正方向一致，反之，加速度为负表示加速度的方向与正方向相反．

2．匀变速直线运动的规律

匀变速直线运动的加速度是恒定不变的．加速度与速度方向相同，物体做匀加速直线运动；加速度与速度方向相反，物体做匀减速直线运动．

其基本规律为

$$v_t = v_0 + at$$

$$s = v_0 t + \frac{1}{2}at^2$$

$$v_t^2 - v_0^2 = 2as$$

$$s = \overline{v}t$$

3．自由落体运动的规律

**自由落体运动**是初速度为 0，加速度等于 $g$ 的匀加速直线运动．

自由落体运动的规律为

$$v_t = gt$$

$$s = \frac{1}{2}gt^2$$

## 【典型例题】

**例题 1** 一物体做匀加速直线运动，某时刻其速度大小为 5 m/s，2 s 后其速度大小变为 15 m/s，则物体的加速度是多少？

**分析** 物体做匀加速直线运动，由题意可知 $v_0 = 5$ m/s，$v_t = 15$ m/s，根据公式即可求出结果．

**解** 由公式 $v_t = v_0 + at$ 可得

$$a = \frac{v_t - v_0}{t} = \frac{15-5}{2} \text{ m/s}^2 = 5 \text{ m/s}^2$$

## 【巩固练习】

### 练习 1.2

1．填空题．

（1）沿直线运动的物体，如果在任意的相等的时间内，其速度的变化（增加或减小）都相等，则这种运动叫做_____．

（2）加速度是表示_____的物理量，其大小等于_____．

（3）自由落体运动时初速度为_____的_____．

2．选择题．

（1）关于加速度的含义，下列说法正确的是（      ）．

    A．加速度表示速度的增加        B．加速度表示速度变化

    C．加速度表示速度变化快慢    D．加速度表示速度变化的大小

（2）物体由静止开始以恒定的加速度 $a$ 向东运动 $t$ s 后，加速度变为向西，大小不变，

再经过 $t$ s 时，物体的运动情况是（    ）.

    A．物体位于出发点以东，速度为 0

    B．物体位于出发点以东，继续向东运动

    C．物体回到出发点，速度为 0

    D．物体回到出发点，运动方向向西

（3）汽车以 20 m/s 的速度做匀速直线运动，遇到突发事件需要停车，刹车后的加速度为 5 m/s$^2$，那么开始刹车后 2 s 与开始刹车后 6 s 汽车通过的位移之比为（    ）.

    A．1：4        B．4：5        C．3：4        D．5：9

（4）一个石子从高处释放，做自由落体运动，已知它在第 1 s 内的位移大小是 $s$，则它在第 3 s 内的位移大小是（    ）.

    A．$5s$        B．$7s$        C．$9s$        D．$3s$

3. 实验题.

（1）在研究"运动物体速度和加速度的测量方法"的实验中，下列措施中有助于减小实验误差的是（    ）.

    A．选取计数点时，把每打 5 个点的时间间隔作为一个时间单位

    B．使小车运动的加速度尽量小些

    C．舍去纸带上开始时那些密集的点

    D．适当增加钩码个数

（2）在研究匀变速直线运动的实验中，打点计时器使用的交流电源的频率为 50 Hz，记录小车运动的纸带如图 1-4 所示，在纸带上选择 6 个计数点 $A$，$B$，$C$，$D$，$E$，$F$，每相邻两个计数点间还有 4 个计数点，各点到 $A$ 点的距离依次是 2.0 cm，5.0 cm，9.0 cm，则小球在 $B$ 点的速度为_____m/s，$CE$ 间的平均速度为_____m/s.

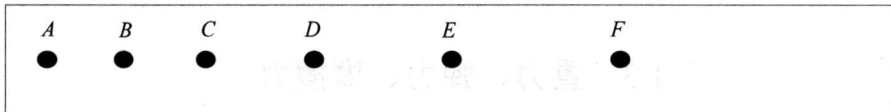

图 1-4

4. 计算题.

（1）汽车正常行驶的速度是 30 m/s，关闭发动机后，开始做匀减速运动，12 s 末的速度是 24 m/s. 求：① 汽车的加速度；② 16 s 末的速度；③ 65 s 末的速度.

（2）某市规定，卡车在市区内行驶速度不得超过 40 km/h，一次一辆卡车在市区路面紧急刹车后，经 1.5 s 停止，量得刹车痕长 $s = 9$ m，假定卡车刹车后做匀减速运动，可知其行驶速度达多少 km/h？请问这车是否违章？

（3）已知某一物体从楼上自由落下，经过高为 2.0 m 的窗户所用的时间为 0.2 s．物体是从距窗顶多高处自由落下的？（取 $g = 10$ m/s²）

# 1.3 重力、弹力、摩擦力

## 【重点、难点】

### 1. 力

力是矢量，既有大小又有方向；力是物体之间的相互作用，力不能离开物体而独立存在；力总是成对出现．力的大小、方向和作用点叫做力的三要素．

2．重力

重力的施力物体是地球，方向为竖直向下的，其作用点在重心．重力的大小与物体的质量 $m$ 成正比，即

$$G = mg$$

3．弹力

（1）弹力产生的条件

弹力要互相接触，接触的物体要发生形变．

（2）弹力的大小

胡克定律：当弹簧发生弹性形变时，弹力的大小 $F$ 与弹簧伸长或缩短的长度 $x$ 成正比，即

$$F = kx$$

4．摩擦力

（1）摩擦力产生的条件

两物体直接接触；接触面粗糙；接触面上有正压力；两物体有相对运动或相对运动的趋势．

（2）摩擦力的大小

静摩擦力大于 0 而小于最大静摩擦力；而滑动摩擦力的大小与接触面之间的正压力有关，即

$$F_f = \mu N$$

（3）摩擦力的方向

静摩擦力的方向与接触面相切，并且与物体运动趋势相反；滑动摩擦力与接触面相切，并且与物体的相对运动方向相反．

**【典型例题】**

**例题 1**　滑块被固定在光滑斜面底端的弹簧弹出，在滑块离开弹簧沿斜面向上运动的过程中，不考虑空气阻力，图中关于滑块的受力示意图正确的是（　　）．

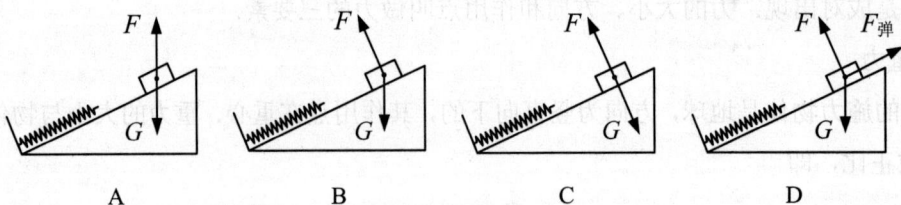

A    B    C    D

**分析** 滑块一经弹簧弹出，与弹簧脱离接触，就不再受弹力作用，因此 D 图错误；由于斜面是光滑的，因此滑块在向上运动的过程中不受摩擦力的作用，只受重力和支持力的作用，重力作用在物体的重心上，方向竖直向下，因此 C 图错误；支持力作用在物体上，方向垂直于斜面向上，因此 A 图错误.

**解** 选择 B

**例题 2** 如图 1-5 所示，一辆汽车在平直公路上，车上有一木箱，试判断下列情况中木箱所受摩擦力的方向：

（1）汽车由静止加速运动时，木箱和车面无相对滑动；

（2）汽车刹车时，二者无相对滑动；

（3）汽车匀速运动时；二者无相对滑动；

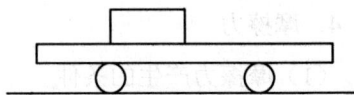

图 1-5

（4）汽车刹车，木箱在车上向前滑动时；

（5）汽车在匀速行驶中突然加速，木箱在车上滑动时.

**分析** （1）木箱随汽车一起由静止加速运动时，假设二者的接触面是光滑的，则汽车加速时，木箱由于惯性要保持原有的静止状态，因此它将相对于汽车向后滑动，说明木箱有相对汽车向后滑动的趋势，所以木箱受到向前的静摩擦力.

（2）汽车刹车时，速度减小，假设木箱与汽车的接触面是光滑的，则木箱将相对汽车向前滑行. 实际木箱没有滑动，说明有相对汽车向前滑行的趋势，所以木块受到向后的静摩擦力.

（3）木箱随汽车一起匀速运动时，二者无相对滑动. 假设木箱与汽车的接触面光滑，由于惯性木箱仍做匀速直线运动，木箱与汽车间无相对滑动，说明木箱与汽车间没有相对运动趋势，没有摩擦力.

（4）汽车刹车，木箱相对于汽车向前滑动，易知木箱受向后的滑动摩擦力.

（5）汽车在匀速行驶过程中突然加速，木箱相对汽车向后滑动，易知木箱受到向前的滑动摩擦力.

**【巩固练习】**

练 习 1.3

1. 填空题.

（1）力的三要素是：_____、_____和_____.

（2）物体所受重力大小跟它的质量成____比. 公式 $G = mg$ 中 $g$ 表示物体受到重力与_____之比，约等于_____N/kg. 在要求不精确的情况下，可取 $g = 10$ N/kg.

（3）甲、乙两同学的质量之比是 $10:9$，甲同学重为 $540$ N，乙同学重为_____N.

（4）物体与竖直墙壁间的动摩擦因数为 $\mu$，物体的质量为 $M$. 当物体沿着墙壁自由下落时，物体受到的滑动摩擦力为_____.

2. 选择题.

（1）下列物体所受重力的示意图中，正确的是（    ）.

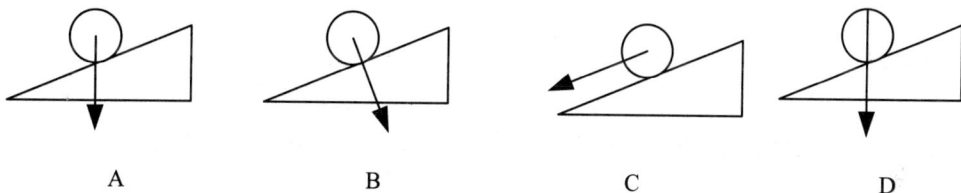

A          B          C          D

（2）挂在弹簧秤上的钩码静止不动时，受到的作用力是（    ）.

A. 钩码的重力与它拉弹簧的力

B. 钩码的重力与弹簧对它的拉力

C. 钩码的重力与地球对它的吸引力

D. 弹簧的重力与地球对钩码的吸引力

（3）在图中，小球 A，B（A，B 均处于静止状态）间一定有弹力的是（    ）.

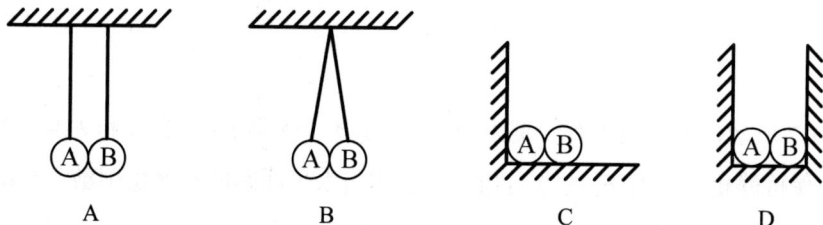

A          B          C          D

（4）关于动摩擦因数 $\mu$，下列说法正确的是（　　　）．

    A．两物体间没有摩擦力产生说明两物体间的动摩擦因数 $\mu=0$

    B．增大两物体的接触面积，则两物体间的动摩擦因数增大

    C．增大两物体间的正压力，则两物体间的动摩擦因数增大

    D．两物体的材料一定时，两物体间的动摩擦因数仅决定于两接触面的粗糙程度

3．作图题．

画出图 1-6 中所示物体所受力的图示．

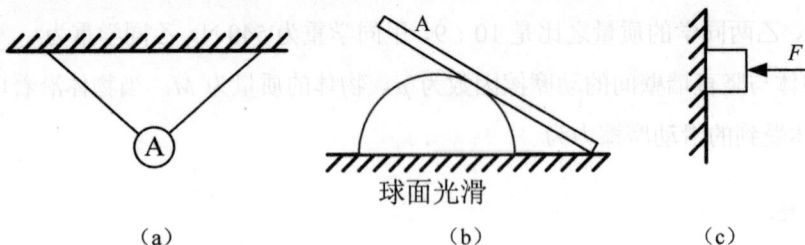

球面光滑

   （a）　　　　　　　　　（b）　　　　　　　　　（c）

图 1-6

4．计算题．

（1）若物体在月球上的重力只有在地球上重力的 $\dfrac{1}{6}$，一个人能在地球上举起质量是 100 kg 的物体，他在月球上能举起的物体质量是多少？

（2）如图 1-7 所示，水平面上有一重为 40 N 的物体，受到 $F_1=13$ N 和 $F_2=6$ N 的水平力的作用而保持静止，$F_1$ 与 $F_2$ 的方向相反．物体与水平面间的动摩擦因数 $\mu=0.2$，设最大的静摩擦力等于滑动摩擦力．求：① 物体所受摩擦力的大小和方向；② 若只撤去 $F_1$，物体所受摩擦力的大小和方向；③ 若只撤去 $F_2$，物体所受摩擦力的大小和方向．

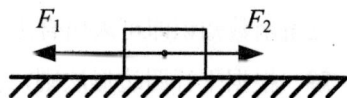

图 1-7

# 1.4  力的合成与分解

## 【重点、难点】

1. 合力与分力是对于同一个物体而言的；合力与分力的作用效果相同；在对物体进行受力分析时，合力与分力不能同时出现.

2. 合力不一定大于分力，也可能小于或等于分力.

3. 平行四边形法则是矢量合成的基本法则，所有的矢量，例如位移、速度和加速度等的合成都遵循平行四边形法则.

4. 在实际进行力的分解时，一般根据力的作用效果进行分解.

## 【典型例题】

**例题**  如图 1-8 所示，两个力 $F_1$，$F_2$ 互成 90° 角，大小分别为 $F_1 = 8\ N$，$F_2 = 6\ N$. 求合力 $F$ 的大小和方向.

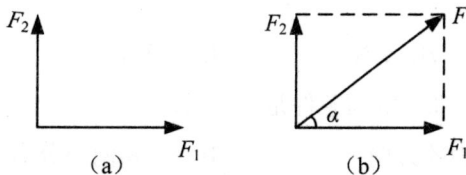

图 1-8

**分析**　已知两个力 $F_1$，$F_2$ 的大小和夹角，按照平行四边形定则即可作出合力 $F$，再根据三角函数知识即可求出合力 $F$ 的大小和方向.

**解**　根据平行四边形法则，作出合力 $F$，如图 1-8b 所示

$$F = \sqrt{F_1^2 + F_2^2} = \sqrt{(8\,\text{N})^2 + (6\,\text{N})^2} = 10\,\text{N}$$

$$\alpha = \arcsin \frac{F_2}{F} = \arcsin 0.6 = 37°$$

## 【巩固练习】

### 练习 1.4

1. 填空题.

（1）4 个共点力的大小分别为 2 N，3 N，4 N，6 N，它们的合力最大值为＿＿＿＿，它们的合力最小值为＿＿＿＿＿.

（2）平行四边形法则是指：如果用表示两个共点力 $F_1$，$F_2$ 的线段为＿＿＿＿作平行四边形，那么合力的大小和方向就可以用＿＿＿＿＿来表示.

2. 选择题（可能不止一个正确答案）.

（1）下列关于合力和分力的说法中，正确的是（　　）.

　　A. 两个力的合力总比任何一个分力都大

　　B. 两个力的合力至少比其中的一个分力大

　　C. 合力的方向只与两分力的夹角有关

　　D. 合力的大小介于两个力之和与两个力之差的绝对值之间

（2）作用于一个点的 3 个力，$F_1 = 3\,\text{N}$，$F_2 = 5\,\text{N}$，$F_3 = 7\,\text{N}$，它们的合力大小不可能的是（　　）.

　　A. 0　　　　　　　B. 2 N　　　　　　C. 15 N　　　　　　D. 18 N

（3）在力的分解中，唯一解的条件是（　　）.

　　A. 已知两个分力的方向　　　　　　B. 已知两个分力的大小

　　C. 已知一个分力的大小和方向　　　D. 已知一个分力的大小和另一个分力的方向

（4）已知合力 $F$ 和它的一个分力夹角为 $30°$，则它的另一个分力大小不可能是（　　）.

A．小于 $\dfrac{1}{2}F$　　　　　　　　B．等于 $\dfrac{1}{2}F$

C．在 $\dfrac{1}{2}F$ 与 $F$ 之间　　　　D．大于或等于 $F$

3．作图题.

（1）对图 1-9 中各力进行合成.

（2）对图 1-10 中所示各力进行分解.

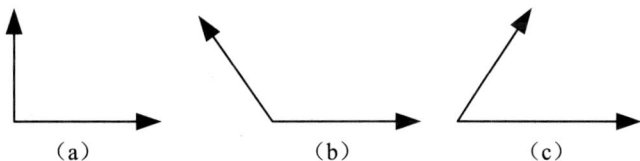

（a）　　　　　　　（b）　　　　　　　（c）

图 1-9

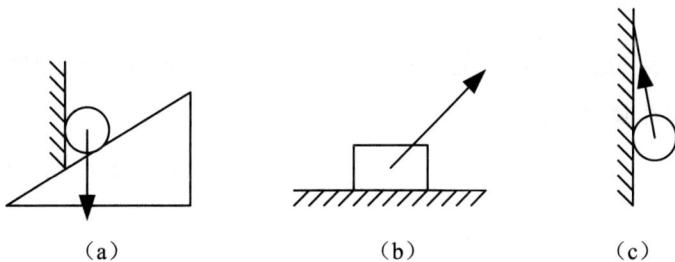

（a）　　　　　　　（b）　　　　　　　（c）

图 1-10

4．计算题.

（1）如图 1-11 所示，物体受到大小相等的两个拉力的作用，每个拉力均为 200 N，两力之间的夹角为 $60°$，求这两个拉力的合力.

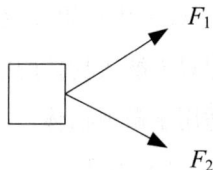

图 1-11

（2）一质量为 20 kg 的物体，置于倾角为 30° 的斜面上，如图 1-12 所示. 求物体所受重力沿斜面和垂直于斜面方向的分力.

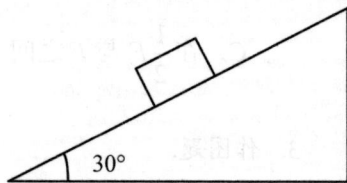

**图 1-12**

# 1.5 牛顿运动定律

## 【重点、难点】

1. 牛顿第一定律

（1）一切物体总是保持静止或匀速直线运动状态，直到有外力迫使它改变这种运动状态为止，这就是**牛顿第一运动定律**.

（2）牛顿第一定律表明了力的含义，力不是维持物体运动的原因而是改变物体运动状态的原因.

（3）现实中不受外力作用的物体不存在，当物体所受合外力为 0 时的效果与不受外力作用的效果相同，所以可以把"不受外力作用"理解为"合外力为 0".

（4）牛顿第一定律不是牛顿第二定律的特例，而是牛顿第二定律的基础.

2. 牛顿第二定律

（1）物体加速度的大小与所受合外力的大小成正比，跟物体的质量成反比，加速度的方向与合外力的方向相同，这就是**牛顿第二定律**.

（2）牛顿第二定律的研究对象只能是质点模型或能看成质点模型的物体；牛顿第二定律只能解决物体的低速运动问题，不能解决物体的高速运动问题，只适用于宏观物体，不适用于微观物体.

（3）牛顿第二定律具有瞬时性，合外力产生变化和消失的瞬间，加速度就发生变化和消失.

3．牛顿第三定律

（1）两个物体间的作用力和反作用力总是大小相等，方向相反，作用在同一条直线上，这就是**牛顿第三定律**.

（2）作用力和反作用分别作用在两个不同的物体上，在两个物体上都产生作用效果，这两个作用效果不可抵消.

（3）作用力和反作用是同一性质的力；它们总是同时产生、同时消失并且同时变化的.

4．国际单位制

（1）在国际单位制中，规定速度、时间和质量等的单位为基本单位，其他经过推导得出的单位叫做**导出单位**.

（2）基本单位和导出单位共同组成了单位制.

## 【典型例题】

**例题 1** 质量为 2 kg 的物体与水平面的动摩擦因数为 0.2，现对物体用一向右与水平方向成 37°、大小为 10 N 的斜向上拉力 $F$，使之向右做匀加速直线运动，如图 1-13a 所示，求物体运动的加速度的大小.（$g$ 取 10 m/s²）

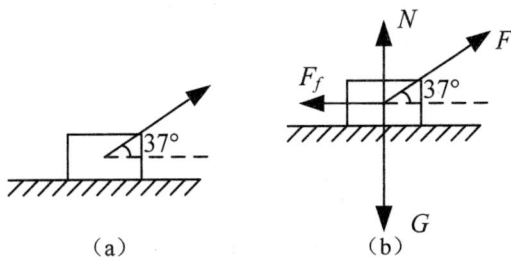

图 1-13

**分析** 对物体进行受力分析，如图 1-13b 所示，可得出物体所受合外力的大小.已知物体合外力、物体质量，根据牛顿第二定律即可求得物体运动的加速度大小.

**解** 物体对水平面的压力 $F_N$ 为

$$F_N = G - F\sin 37° = 2 \times 10 - 10 \times 0.6 = 14 \, \text{N}$$

物体所受滑动摩擦力大小

$$F_f = \mu F_N = 0.2 \times 14 = 2.8 \, \text{N}$$

物体在水平方向所受合外力大小

$$F_合 = F\cos 37° - F_f = 10 \times 0.8 - 2.8 = 5.2\ \text{N}$$

根据牛顿第二定律

$$a = \frac{F_合}{m} = \frac{5.2}{2} = 2.6\ \text{m/s}^2$$

**例题 2** 跳高运动员从地面上起跳的瞬间，下列说法正确的有（　　）.

　　A．运动员对地面的压力大小等于运动员受到的重力

　　B．地面对运动员的支持力大于运动员受到的重力

　　C．地面对运动员的支持力大于运动员对地面的压力

　　D．运动员与地球作用过程中只有一对作用力与反作用力作用

**分析**　运动员要跳起，则地面对运动员的支持力 $F_N$ 将大于运动员本身的重力 $mg$，运动员对地面的压力 $F_N'$ 与地面对人的支持力 $F_N$ 是作用力与反作用力的关系，两力大小相等，故选 B，排除 A，C. 运动员在与地球作用过程中，除了地面对人的支持力 $F_N$ 和人对地面的压力 $F_N'$ 是一对作用力与反作用力之外，人和地球也相互作用，人的重力和人对地球的吸引力也是一对作用力与反作用力. 故 D 也错误. 误选 A，C 的原因在于不能正确分析运动员所受作用力与反作用力之间的关系，把同一方向上的力认为是同一个力，错选 D 的原因在于误认为重力没有反作用力.

**解**　选 B

【巩固练习】

练 习 1.5

1．填空题.

（1）要想改变物体的运动状态，必须对物体施以_____的作用，力是_____物体运动状态的原因.

（2）沿水平方向匀速飞行的轰炸机，要击中地面目标，应在_____投弹（填"目标正上方"或"到达目标上方前"），这是因为_____作用.

（3）甲、乙、丙三物体质量之比为 $5:3:2$，所受合外力之比为 $2:3:5$，则甲、乙、丙三物体加速度大小之比为_____.

2. 选择题.

（1）下面几个说法中正确的是（      ）.

    A. 静止或做匀速直线运动的物体，一定不受外力的作用

    B. 当物体的速度等于 0 时，物体一定处于平衡状态

    C. 当物体的运动状态发生变化时，物体一定受到外力作用

    D. 物体的运动方向一定是物体所受合外力的方向

（2）关于惯性的大小，下列说法中正确的是（      ）.

    A. 高速运动的物体不容易让它停下来，所以物体运动速度越大，惯性越大

    B. 用相同的水平力分别推放在地面上的两个材料不同的物体，难以推动的物体惯性大

    C. 两个物体只要质量相同，那么惯性就一定相同

    D. 在月球上举重比在地球上容易，所以同一个物体在月球上比在地球上惯性小

（3）从牛顿第二定律知道，无论怎样小的力都可以使物体产生加速度，可是当我们用一个很小的力去推很重的桌子时，却推不动它，这是因为（      ）.

    A. 牛顿的第二定律不适用于静止物体

    B. 桌子的加速度很小，速度增量极小，眼睛不易觉察到

    C. 推力小于静摩擦力，加速度是负的

    D. 桌子所受的合力为 0

（4）下列的各对力中，是相互作用力的是（      ）.

    A. 悬绳对电灯的拉力和电灯的重力

    B. 电灯拉悬绳的力和悬绳拉电灯的力

    C. 悬绳拉天花板的力和电灯拉悬绳的力

    D. 悬绳拉天花板的力和电灯的重力

（5）关于牛顿第三定律，以下说法中正确的是（      ）.

    A. 作用力与反作用力作用在同一物体上

    B. 作用力与反作用力的大小相等，方向相同，作用在不同物体上

    C. 作用力与反作用力大小相等，方向相反，因此作用效果可以相互抵消

    D. 作用力与反作用力一定作用在不同的物体上，且二力的性质一定是相同的

3. 计算题.

（1）质量为 2 kg 的物体，运动的加速度为 1 m/s$^2$，则所受合外力大小为多少？若物体所受合外力大小为 8 N，那么物体的加速度大小为多少？

（2）质量 $m_1 = 10$ kg 的物体在竖直向上的恒定拉力 $F$ 作用下，以 $a_1 = 2$ m/s$^2$ 的加速度匀加速上升，拉力 $F$ 为多少？若将拉力 $F$ 作用在另一物体上，物体能以 $a_2 = 2$ m/s$^2$ 的加速度匀加速下降，该物体的质量 $m_2$ 应为多少？（$g$ 取 10 m/s$^2$，空气阻力不计）

（3）一质量为 $m$ 的人站在电梯中，电梯加速上升，加速度大小为 13$g$（$g$ 为重力加速度），求人对电梯底部的压力大小.

# 本章自我检测题

1. 填空题（每空 2 分，共 22 分）.

（1）由于地球吸引而使物体受到的力叫做_____.

（2）一名伞兵和他随身携带的装备质量共计 100 kg，当他竖直向下降落时，所受的合力为 0，则这名伞兵（包括装备）受到的空气阻力为_____N，方向_____.

（3）用 20 N 的力握住装油的瓶子悬空静止不动，若此时将手的握力增加到 30 N，则手与油瓶之间的摩擦力的大小将_____（选填"增大"、"减小"或"不变"）.

（4）行驶中的汽车关闭发动机后不会立即停止运动，是因为_____。汽车的速度越来越小，最后会停下来是因为_____.

（5）甲、乙两队举行拔河比赛，甲队获胜，如果甲队对绳的拉力为 $F_甲$，地面对甲队的摩擦力为 $f_甲$；乙队对绳的拉力为 $F_乙$，地面对乙队的摩擦力为 $f_乙$，绳的质量不计，则有 $F_甲$_____$F_乙$，$f_甲$_____$f_乙$（选填"大于"、"等于"或"小于"）.

（6）如图 1-14 所示，两个质量相同的物体 A 和 B 紧靠在一起，放在光滑的水平面上．若两物体同时受到大小分别为 $F_1$ 和 $F_2$（$F_1 > F_2$）的水平推力作用，则 A，B 两物体间相互作用力的大小为_____.

（7）在验证牛顿第二定律实验中砂和桶的总质量 $M$ 和车与砝码的总质量 $m$ 间必须满足的条件是_____. 实验中打出的纸带如图 1-15 所示，相邻计数点间的时间是 0.1 s，图中长度单位是 cm，由此可以算出小车运动的加速度为_____m/s$^2$.

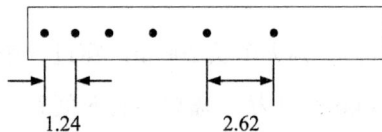

图 1-14　　　　　　　　　　　　　　　　图 1-15

2. 选择题（每小题只有一个正确答案，每小题 3 分，共 18 分）.

（1）早上第一节课 8 点钟上课，8 点钟是指（　　）.

A．时刻　　　　B．时间　　　　C．时间间隔　　　　D．以上答案都不对

（2）下列说法正确的是（　　）.

　　A．力是维持物体运动的原因

　　B．力是改变物体运动状态的原因

　　C．只有做匀速直线运动的物体才具有惯性

　　D．物体的速度越大，惯性越大

（3）运动员将足球踢向球门，足球在空中运动的过程中，不计空气阻力，其受力的情况是（　　）.

　　A．只受踢力　　　　　　　　　B．只受重力

　　C．受踢力和重力的共同作用　　D．不受力的作用

（4）起重机吊着货物时，货物所受重力 $G$ 和拉力 $F$ 之间的关系为（　　）.

　　A．货物匀速上升时 $F>G$　　　　B．货物匀速下降时 $F<G$

　　C．只有当货物静止时 $F=G$　　　D．上述三种情况，都应为 $F=G$

（5）两只鸡蛋相碰往往只碰破其中一只，有关碰撞时相互间力的作用说法正确的是（　　）.

　　A．两只鸡蛋受力一样大　　　　B．破的那只鸡蛋受力大

　　C．未破的那只鸡蛋受力大　　　D．两只鸡蛋受力大小无法比较

（6）一物体在几个力的共同作用下处于静止状态．现使其中向东的一个力 $F$ 的值逐渐减小到 0，又马上使其恢复到原值（方向不变），则（　　）.

　　A．物体始终向西运动　　　　　B．物体先向西运动后向东运动

　　C．物体的加速度不变　　　　　D．物体的速度先增大后减小

3．计算题（每小题 12 分，共 60 分）.

（1）一列火车长 200 m，穿过一个长 1 000 m 的隧道用了 2 min，然后以这个速度经过长 2.4 km 的大桥，需要多长时间？

（2）甲、乙两辆汽车做匀速直线运动，如果同时由两地匀速相向而行，经过 2 min 后，它们之间的距离减少 2.4 km. 如果同时同地向同一方向行驶，经过 1 min 它们之间的距离为 60 m，则这两辆汽车的速度各为多少？

（3）骑自行车的人以 5 m/s 的初速度沿着向上的斜坡做匀减速运动，加速度的大小是 0.4 m/s²，经过 10 s，他在斜坡上通过多长的距离？

（4）一个物体在光滑的水平面上受到一个恒力的作用，在 0.3 s 的时间内，速度从 0.2 m/s 增加到 0.4 m/s. 这个物体受到另一个恒力的作用时，在相同的时间内，速度从 0.5 m/s 增加到 0.8 m/s，则第二个力和第一个力之比为多少？

（5）质量为 10 g 的子弹，以 800 m/s 的速度水平射入一块竖直固定的铅板，把铅板打穿，子弹穿出的速度为 200 m/s，板厚 10 cm. 求子弹对铅板的平均作用力.

# 第2章 机械能

## 2.1 功与功率

【重点、难点】

1. 功

（1）**功**是力和物体在力的方向上发生位移的乘积，用公式表示为 $W = Fs$．

（2）当物体的运动方向与力成一定夹角时，该力所做的功为 $W = Fs\cos\alpha$．

当 $\alpha = 0$ 时，$\cos\alpha = 1$，$W = Fs$，力的方向和位移的方向相同，力对物体做正功．

当 $0 < \alpha < 90°$ 时，$\cos\alpha > 0$，$W$ 为正值，力对物体做正功．

当 $\alpha = 90°$ 时，$\cos\alpha = 0$，$W = 0$，力和位移方向垂直，力对物体不做功．

当 $90° < \alpha < 180°$ 时，$\cos\alpha < 0$，$W$ 为负值，力对物体做负功．

当 $\alpha = 180°$ 时，$\cos\alpha = -1$，$W = -Fs$，力和位移方向相反，力对物体做负功．

（3）功是标量，其正负号不代表功的方向，也不表示功的大小，是用来表示力对物体做功或物体克服了力做功．

（4）做功的必要条件是力以及力的方向上存在位移．有力而不做功的情况有两种，即位移为 0 以及位移方向与力的方向垂直．

（5）功是能量转化的量度，做功的过程就是能量转化的过程，做了多少功，就有多少能量发生了转化．

2. 功率

（1）**功率**是表示做功快慢的物理量，是功与完成这些功所用时间的比值，即 $P = \dfrac{W}{t}$．

（2）功率也等于力和物体运动速度的乘积，即 $P = Fv$．

（3）额定功率就是机械在正常条件下可以长时间工作的最大功率．额定功率是动力机器重要的性能指标．

## 【典型例题】

**例题** 1  一个人用 500 N 的力沿水平方向匀速推一辆重 200 N 的车, 共前进 2 m, 求这个人对车做功多少? 重力做功多少?

**分析**  人对车施的力是沿着车的运动方向的, 因此做的功可直接运用公式 $W = Fs$ 求得; 而重力在力的方向上没有位移, 因此不做功.

**解**  人对车做的功

$$W = Fs = 200 \times 2 = 1\ 000\ \text{J}$$

重力在力的方向上没有位移, 因此重力做的功

$$W_G = 0$$

**例题** 2  将一质量为 $m = 10\ \text{kg}$ 的物体, 自水平地面由静止开始用一竖直向上的拉力 $F$ 将其以 $a = 0.5\ \text{m/s}^2$ 的加速度向上拉起. 求: ① 在向上拉动的 10 s 内, 拉力 $F$ 做功的功率; ② 上拉至 10 s 末, 拉力的功率.

**分析**  已知物体的初速度、加速度和时间, 可以求出物体在 10 s 的位移 $s$, 而拉力 $F$ 可以根据牛顿第二定律 $F - mg = ma$ 求出, 则在 10 s 内拉力做的功可以根据公式 $W = Fs$ 求得, 进而可求出拉力 $F$ 的功率. 在 10 s 末, 拉力的功率可以根据 $P = Fv$ 求得.

**解**  ① 物体 10 s 内的位移 $s$ 为

$$s = \frac{1}{2}at^2 = \frac{1}{2} \times 0.5 \times 10^2 = 25\ \text{m}$$

拉力的大小 $F$ 为

$$F = mg + ma = 10 \times 10 + 0.5 \times 10 = 105\ \text{N}$$

则 10 s 内拉力做的功为

$$W = Fs = 105 \times 25 = 2\ 625\ \text{J}$$

拉力的功率为

$$P = \frac{W}{t} = \frac{2\ 625}{10} = 262.5\ \text{W}$$

② 在 10 s, 物体的速度为

$$v = at = 0.5 \times 10 = 5\ \text{m/s}$$

则拉力的功率为

$$P' = Fv = 105 \times 5 = 525\ \text{W}$$

## 【巩固练习】

练 习 2.1

1. 填空题.

（1）力学里所说的功包括两个必要因素：一是_____；二是_____.

（2）一位同学体重为 500 N，他用力将一个重为 100 N 的木箱搬上了 6 m 高的三楼，则这位同学克服物体的重力做的功为_____J，克服自身重力做的功为_____J，他一共做了_____J 的功.

（3）功率是用来表示_____的物理量. 某万吨远洋货轮的功率是 $2 \times 10^4$ kW，这表明该货轮每秒内做功_____J.

2. 选择题.

（1）在下列几种情况中，力对物体做功的是（　　）.

　　A. 冰球在光滑的冰面上匀速滚动

　　B. 小孩用力推箱子，箱子未被推动

　　C. 学生背着书包站在匀速行驶的公共汽车上

　　D. 清洁工把一桶水从地上拎起

（2）某物体同时受到 3 个力作用而做匀减速直线运动，其中 $F_1$ 与加速度 $a$ 的方向相同，$F_2$ 与速度 $v$ 的方向相同，$F_3$ 与速度 $v$ 的方向相反，则下列说法错误的是（　　）.

　　A. $F_1$ 对物体做正功　　　　　　　　B. $F_2$ 对物体做正功

　　C. $F_3$ 对物体做负功　　　　　　　　D. 合外力对物体做负功

（3）当两台机器正常工作时，功率大的机器一定比功率小的机器（　　）.

　　A. 做功多　　　B. 做功少　　　C. 做功快　　　D. 做功慢

（4）班里组织一次比赛活动，从一楼登上三楼，看谁的功率最大. 为此，需要测量一些物理量，下列物理量中必须测量的是（　　）.

　　① 三楼地面到一楼地面的高度；　　② 从一楼到达三楼所用的时间；

　　③ 每个同学的质量或体重；　　　　④ 一楼到三楼楼梯的长度.

　　A. ②④　　　　　B. ①④　　　　　C. ①②③　　　　D. ②③

3. 计算题.

（1）质量 $m=2$ kg 的物体，受到与水平方向成 37° 角斜向下的推力 $F=10$ N 的作用，在水平地面上移动距离 $X_1=2$ m 后撤去推力. 此后物体又滑行了 $X_2=1.4$ m 的距离后停下. 已知物体与地面间的摩擦因数 $\mu=0.2$，$g$ 取 10 m/s$^2$. 求：① 推力做的功；② 全过程中摩擦力做的功；③ 全过程合力做的功.

（2）重为 500 N 的物体放在水平地面上，某人用 100 N 的水平力推它做匀速直线运动，在 5 s 内物体移动了 10 m. 问：① 人对物体做了多少功？② 人推物体的功率是多少？③ 重力做了多少功？

（3）大桥全长 3 068 m，一辆质量为 $2.0\times10^3$ kg 的小汽车，从桥东匀速至桥西所用时间为 200 s，所受的阻力是 $2.0\times10^3$ N，问：① 小汽车从桥东到桥西行驶的速度是多少？② 小汽车引力所做的功是多少？③ 小汽车此时的功率是多少？

## 2.2 动能与动能定理

### 【重点、难点】

1. 动能

（1）物体由于运动而具有的能叫做**动能**.

（2）用 $E_k$ 表示物体的动能，则有 $E_k = \frac{1}{2}mv^2$，即物体的质量越大，速度越大，它的动能就越大.

（3）动能是标量，在国际制单位中，其单位是焦，写作 J.

（4）由于速度与参考系的选取有关，因此动能也具有相对性，其大小也跟参照系的选取有关.

2. 动能定理

（1）合外力对物体做的功等于物体动能的增量，这就是**动能定理**，即

$$W = \frac{1}{2}mv_2^2 - \frac{1}{2}mv_1^2.$$

（2）当合外力对物体做正功时，物体的动能就增加；当合外力对物体做负功时，物体的动能就减小；当合外力做功为 0 或者不做功时，物体的动能不变.

### 【典型例题】

**例题 1** 一粒子弹以 700 m/s 的速度打穿一块木板后速度降为 500 m/s，若让它继续打穿同样的木板，其速度降为多少？

**分析** 子弹穿过两块木板时克服阻力做的功相同，根据动能定理，即动能的减少量相同.

**解** 若子弹穿过第二块木板速度降为 $v$，则

$$\frac{1}{2}m \times (700)^2 - \frac{1}{2}m \times (500)^2 = \frac{1}{2}m \times (500)^2 - \frac{1}{2}mv^2$$

可得

$$v = 10 \text{ m/s}$$

**例题 2** 一架喷气式飞机，质量 $m = 5 \times 10^3$ kg，起飞过程中从静止开始滑跑的位移为

$s = 530$ m 时,达到起飞速度 $v = 60$ m/s,在此过程中飞机受到的平均阻力是飞机重量的 $0.02$ 倍,求飞机受到的牵引力.

**分析**    对飞机进行受力分析,其受到支持力、重力、牵引力和阻力的作用,其中支持力和重力不做功,根据动能定理,合外力做的功等于动能的增量,即可求出飞机的牵引力.

**解**    根据动能定理,得

$$(F - f)\, s = \frac{1}{2}mv^2 - 0$$

即

$$Fs - 0.02mgs = \frac{1}{2}mv^2$$

对上式求解,得

$$F = 1.8 \times 10^4 \text{ N}$$

【巩固练习】

**练 习 2.2**

1. 填空题.

(1)功是_____和物体在力的方向上发生位移的乘积.

(2)质量为 $0.5$ kg 的物体,自由下落 $2$ s,重力做功为_____,$2$ s 末物体的动能为_____.($g$ 取 $10$ m/s$^2$)

(3)以速度 $v$ 水平飞行的子弹先后穿透两块由同种材料制成的木板,若子弹穿透两块木板后的速度分别为 $0.8v$ 和 $0.6v$,则两块木板的厚度之比为_____.

2. 选择题.

(1)下列说法中,正确的是(        ).

    A.物体的动能不变,则其速度一定也不变

    B.物体的速度不变,则其动能也不变

    C.物体的动能不变,说明物体的运动状态没有改变

    D.物体的动能不变,说明物体所受的合外力一定为 $0$

(2)一个质量为 $25$ kg 的小孩从高度为 $3.0$ m 的弧形滑梯顶端由静止开始滑下,滑到

底端时的速度为 2.0 m/s（取 $g=10$ m/s$^2$）. 关于力对小孩做的功, 以下结果正确的是（　　）.

　　A. 支持力做功 50 J　　　　　　B. 克服阻力做功 500 J

　　C. 重力做功 750 J　　　　　　　D. 合外力做功 500 J

　　（3）质量为 2 kg 的物体, 在水平面上以 6 m/s 的速度匀速向西运动, 若有一个方向向北的 8 N 的恒力作用于物体, 在 2 s 内物体的动能增加了（　　）.

　　A. 28 J　　　　　B. 64 J　　　　　C. 32 J　　　　　D. 36 J

　　3. 计算题.

　　（1）用起重机把重量为 $2.0 \times 10^4$ N 的重物匀速提高 5 m. 求：① 钢绳的拉力做多少功？② 重力做多少功？③ 重物克服重力做多少功？

　　（2）质量为 3 000 t 的火车, 以额定功率自静止出发, 所受阻力恒定, 经过 103 s 行驶 12 km 达最大速度 $v_{max}=72$ km/h, 试分析：① 火车运动性质；② 火车的额定功率；③ 运动中所受阻力.

　　（3）在光滑水平面上有一静止的物体. 现以水平恒力 $F_1$ 推这一物体, 作用一段时间后, 换成相反方向的 $F_2$ 推这一物体. 当 $F_2$ 作用时间与 $F_1$ 作用时间相同时, 物体恰好回到原处, 此时物体的动能为 32 J. 则在整个过程中, $F_1$ 做的功和 $F_2$ 做的功各为多少？

## 2.3　势能与机械能守恒定律

### 【重点、难点】

1．重力势能

（1）物体由于被举高而具有的能量叫做**重力势能**，物体的重力势能等于物体的重力与其高度的乘积，即 $E_p = mgh$．

（2）重力势能是标量．

（3）重力势能的大小与参考系的选取有关，通常把地面选作零势能面．

2．弹性势能

（1）由于物体发生了弹性形变所具有的能量称为**弹性势能**．

（2）物体的弹性势能与物体的形变程度有关，形变程度越大，弹性势能越大；同时，弹性势能也与物体自身的弹性情况有关，物体的弹性被称为劲度系数或弹性系数．用公式可以表示为 $E_p = \dfrac{1}{2}kx^2$．

3．机械能守恒定律

（1）动能和势能统称为**机械能**．

（2）在只有重力（或弹力）做功的情况下，物体的动能和重力势能（弹性势能）发生互相转化，机械能的总量保持不变．这个结论叫做**机械能守恒定律**．用公式表示为

$$\frac{1}{2}mv_2^2 + mgh_2 = \frac{1}{2}mv_1^2 + mgh_1 .$$

### 【典型例题】

**例题 1**　如图 2-1 所示，桌面距地面 0.8 m，一物体质量为 2 kg，放在距桌面 0.4 m 的支架上．

（1）以地面为零势能位置，计算物体具有的势能，并计算物体由支架下落到桌面过程中，势能减少多少？

（2）以桌面为零势能位置，计算物体具有的势能，并计算物体由支架下落到桌面过程中，势能减少多少？

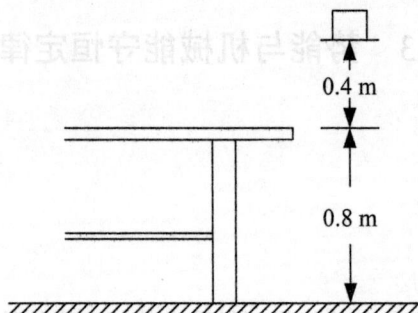

图 2-1

**解** （1）以地面为零势能面，物体具有的重力势能为

$$E_p = mgh = 2 \times 10 \times (0.8 + 0.4) = 24 \text{ J}$$

物体减少的势能

$$\Delta E_p = mgh_1 - mgh_2 = 24 - 2 \times 10 \times 0.8 = 8 \text{ J}$$

（2）以桌面为零势能面，物体具有的重力势能为

$$E_p' = mgh = 2 \times 10 \times 0.4 = 8 \text{ J}$$

物体减少的势能

$$\Delta E_p' = mgh_1 - mgh_2 = 8 - 0 = 8 \text{ J}$$

**例题 2** 质量为 60 kg 的滑雪运动员从山顶由静止滑下，其到达山脚的最大速度为 120 m/s，阻力忽略不计的情况下，雪道的落差为多少？

**分析** 运动员滑雪的过程中，只有重力做功；而其初动能为 0，即重力做的功完全转化为动能．已知运动员的最大速度，即可求得雪道的落差．

**解** 根据机械能守恒定律，则

$$\frac{1}{2}mv_2^2 + mgh_2 = \frac{1}{2}mv_1^2 + mgh_1$$

即

$$\frac{1}{2} \times 60 \times (120)^2 + 0 = 60 \times 10 \times h$$

解得

$$h = 720 \text{ m}$$

【巩固练习】

## 练 习 2.3

1. 填空题.

（1）将重为 50 N 的物体沿着竖直方向向上匀速吊起 10 m 高，此过程中物体的重力势能变化了_____，拉力对物体做功_____. 若物体以 1 m/s² 的加速度上升 10 m 高，此过程中物体的重力势能变化了_____，拉力对物体做了_____的功.（$g$ 取 10 m/s²）

（2）如图 2-2 所示，当物体由 $O$ 到 $A'$ 时，弹簧被拉长，弹力对物体做____功，弹性势能____；当物体由 $O$ 到 $A$，弹簧被压缩，弹力对物体做____功，弹性势能____.

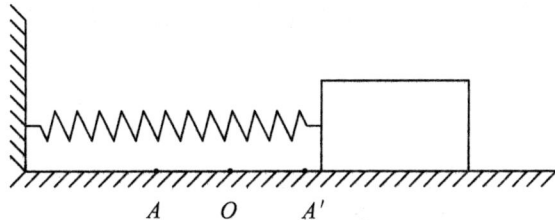

**图 2-2**

（3）物体以 $E_k=100$ J 的初动能从斜面底端沿斜面向上运动，当该物体经过斜面上某一点时，动能减少了 80 J，机械能减少了 32 J，则物体滑到斜面顶端时的机械能为_____.（取斜面底端为零势面）

2. 选择题（可能不止一个正确答案）.

（1）下列关于重力势能的说法中正确的是（    ）.

　　A. 重力势能只有高处的物体才有

　　B. 重力势能的大小是相对的

　　C. 重力势能等于 0 的物体，不可能对别的物体做功

　　D. 在地面上的物体，它的重力势能一定等于 0

（2）物体在运动过程中，克服重力做功 50 J，则（    ）.

　　A. 重力做功为 50 J　　　　　　　　B. 物体的重力势能一定增加 50 J

　　C. 物体的重力势能一定减小 50 J　　D. 重力做功为 –50 J

（3）关于弹性势能，下列说法错误的是（　　）．

A．发生弹性形变的物体都具有弹性势能

B．只有弹簧在发生弹性形变时才具有弹性势能

C．弹性势能可以与其他形式的能相互转化

D．弹性势能在国际单位中的单位是焦耳

（4）在以下所述过程中，物体的机械能守恒的是（　　）．

A．落入水中的铁块　　　　　　　B．做平抛运动的小球

C．在草地上滚动的足球　　　　　D．汽车遇到减速带时提前刹车

3．计算题．

（1）质量是 100 g 的球从 1.8 m 的高处落到水平板上，又弹回到 1.25 m 的高度，在整个过程中重力对球所做的功为多少？球的重力势能变化了多少？

（2）以 10 m/s 的初速度从 10 m 高的塔上抛出一颗石子，不计空气阻力，求石子落地时速度的大小．

（3）某同学身高 1.8 m，体重为 70 kg，他参加背跃式跳高比赛，起跳后身体横着越过了 1.8 m 高的横杆．请问：① 他在跳高的过程中克服重力所做的功约是多少？（人体在站立时重心离地面高度约为身高的 0.6 倍；g 取 10 N/kg）② 若他在月球上跳高，所跳的高度与在地球上一样吗？为什么？（月球对物体的引力约为地球对同一物体引力的 1/6）

## 本章自我检测题

**1. 填空题**（每空2分，共24分）.

（1）国际单位制中，功率的单位是_____，工程上还用_____作为功率的单位.

（2）举重运动员在2 s内把1 500 N的杠铃匀速举高了2 m，在空中停留了3 s，那么，他对杠铃做了_____的功，前2 s内的功率是_____，后3 s内的功率是_____，整个过程的平均功率是_____.

（3）一人从高处坠下，当人下落H高度时安全带刚好绷紧，又下落h后人的速度减为0. 设人的质量为M，则绷紧过程中安全带对人的平均作用力为_____.

（4）甲、乙两个物体，它们的动量大小相等. 若它们的质量之比$m_1:m_2=2:1$，那么，它们的动能之比$E_{k1}:E_{k2}=$_____.

（5）甲、乙两物体，$m_甲=5 m_乙$，同一高处自由下落2 s，则重力做功之比为_____，对地面的重力势能之比为_____.

（6）当弹簧的弹力做正功时，弹簧的弹性势能_____，弹性势能变成其他形式的能；当弹簧的弹力做负功时，弹簧的弹性势能_____，其他形式的能转化为弹簧的弹性势能.

**2. 选择题**（每小题只有一个正确答案，每小题3分，共18分）.

（1）在粗糙的水平面上，用100 N的水平推力使一个重为500 N的物体前进了10 m，在此过程中（　　）.

    A. 推力做了5 000 J的功　　　　　　B. 推力做了1 000 J的功

    C. 重力做了5 000 J的功　　　　　　D. 重力做了1 000 J的功

（2）甲、乙二人的体重相同，同时从一楼开始登楼，甲比乙先到三楼，则他们二人（　　）.

    A. 做的功相同，但甲的功率较大　　B. 做的功相同，功率也相同

    C. 甲做的功较多，但功率相同　　　　D. 甲做的功多，功率也较大

（3）质量为$m=2$ kg的物体，在水平面上以$v_1=6$ m/s的速度匀速向西运动，若有一个$F=8$ N，方向向北的恒力作用于物体，在$t=2$ s内物体的动能增加了（　　）.

    A. 28 J　　　　　　B. 64 J　　　　　　C. 32 J　　　　　　D. 36 J

（4）用起重机将质量为 $m$ 的物体匀速地吊起一段距离，那么作用在物体上各力的做功情况应该是下面的哪种说法（　　　）.

　　A. 重力做正功，拉力做负功，合力做功为 0

　　B. 重力做负功，拉力做正功，合力做正功

　　C. 重力做负功，拉力做正功，合力做功为 0

　　D. 重力不做功，拉力做正功，合力做正功

（5）如果取弹簧伸长 $\Delta x$ 时的弹性势能为 0，则下列说法中正确的是（　　　）.

　　A. 弹簧处于原长时，弹簧的弹性势能为正值

　　B. 弹簧处于原长时，弹簧的弹性势能为 0

　　C. 当弹簧的压缩量为 $\Delta x$ 时，弹性势能的值为 0

　　D. 只要弹簧被压缩，弹性势能的值都为负值

（6）关于机械能是否守恒的叙述，正确的是（　　　）.

　　A. 做匀速直线运动的物体机械能一定守恒

　　B. 做变速运动的物体机械能不可能守恒

　　C. 外力对物体做功为 0 时，机械能一定守恒

　　D. 若只有重力对物体做功，物体的机械能一定守恒

3. 计算题（共 58 分）.

（1）一辆轿车在水平路面上匀速直线行驶，在 2 min 内轿车行驶的路程是多少？若轿车发动机提供的牵引力为 $F = 1\,600\,\text{N}$，则轿车通过上述路程牵引力做的功为多少？

（2）汽车发动机的额定功率为 30 kW，质量为 2 000 kg，当汽车在水平路面上行驶时受到阻力为车重的 0.1 倍，求：① 汽车在路面上能达到的最大速度；② 若汽车从静止开始保持 1 m/s² 的加速度作匀加速直线运动，则这一过程能持续多长时间；③当汽车速度为 10 m/s 时的加速度？

（3）质量 1 kg 的小球从 20 m 高处由静止落下，阻力恒定，落地时速度为 16 m/s，则阻力的大小是多少？

（4）以 10 m/s 的速度将质量是 $m$ 的物体从地面竖直向上抛出，若忽略空气阻力，求：① 物体上升的最大高度；② 上升过程中何处重力势能和动能相等？（以地面为参考面）

（5）质量 $m = 1.5$ kg 的物块（可视为质点）在水平恒力 $F$ 作用下，从水平面上 A 点由静止开始运动，运动一段距离后撤去该力，物块继续滑 $t = 2.0$ s 停在 B 点．已知 A，B 两点间的距离 $s = 5$ m，物块与水平面间的动摩擦因数 $\mu = 0.20$，求恒力 $F$ 的大小．（$g$ 取 $10$ m/s$^2$）

（6）质量 $m = 0.02$ kg 的物体置于水平桌面上，在 $F = 2$ N 的水平拉力作用下前进了 $s_1 = 0.6$ m，此时 $F$ 停止作用，物体与桌面间的动摩擦因数 $\mu = 0.2$．求：① 物体滑到 $s_2 = 1.0$ m 处时的速度；② 物体能滑多远？

# 第3章 热现象及其应用

## 3.1 分子动理论

### 【重点、难点】

1. 分子动理论

宏观物体是由大量分子组成的，分子间存在着间隙；分子永不停息地做无规则运动；分子之间同时存在着引力和斥力．这就是分子动理论的基本内容．

2. 温度

（1）**温度**是用来表示物体冷热程度的物理量．从分子动理论的观点来看，温度反映了物体内部分子无规则热运动的剧烈程度．

（2）在日常生活中，我们常用摄氏温标，其符号为 $t$，单位是摄氏度，写作℃；在科学研究中，一般使用热力学温标，符号为 $T$，单位为开尔文，写作 K．

3. 压强

（1）气体的**压强**就是气体垂直作用在器壁单位面积上的压力．气体对器壁各个方向上的压强相等．

（2）在国际单位制中，压强的单位是帕斯卡，简称帕，用符号 Pa 来表示．

4. 热力学能

（1）由于分子运动和分子间相互作用而具有的动能和势能的总和叫做物体的热力学能．

（2）做功和热传递可以改变物体的热力学能．当外界对物体做功时，物体的热力学能增加；当物体对外界做功时，物体的热力学能减少．当外界向物体传递热量时，物体的热力学能增加；当物体向外界传递热量时，物体的热力学能减少．

## 【典型例题】

**例题** 用分子动理论解释为什么"破镜不能重圆"？

**答** 分子力的作用范围很小，只有分子间的距离很小时，分子力才显著．破碎的镜子断面并不平滑，接触面上只有极少数分子能够互相接近到距离很小的程度，达到分子作用的数量级，绝大多数分子彼此间的距离都大于分子力的作用范围，因此总的分子引力极小，不能够将破碎的镜片连在一起．

## 【巩固练习】

### 练 习 3.1

1. 填空题.

（1）两滴水银靠近时，能自动结合成一滴较大的水银，这一事实说明分子之间存在着_____；物体不能无限地被压缩，说明分子间存在_____；一匙糖加入水中，能使整杯水变甜，说明_____，酒精和水混合后，总体积会_____，说明_____．

（2）把分别盛有冷水和热水的两个玻璃杯放在桌上，小心地往每杯水中滴入两滴红墨水，杯中水变红说明_____，热水杯中的红墨水扩散得快说明_____．

（3）炽热的铁水具有内能，当温度降低，内能随着_____．冰冷的冰块具有内能，当温度升高，内能随着_____．将该冰块从一楼移动到四楼，它的内能将_____．

（4）改变热力学能的方法有_____和_____．

2. 选择题.

（1）下列说法正确的是（    ）.

    A．外界对气体做功，气体的内能一定增大

    B．气体从外界吸收热量，气体的内能一定增大

    C．气体的温度越低，气体分子无规则运动的平均动能越大

    D．气体的温度越高，气体分子无规则运动的平均动能越大

（2）下列现象中属于扩散现象的是（    ）.

    A．擦黑板时，粉笔灰在空中飞舞

    B．打开一盒香皂，很快就会闻到香味

C. 粉笔蹭到衣服上，在衣服上留下粉笔痕迹

D. 冬天，雪花漫天飞舞

（3）下列说法中正确的是（　　）.

A. 一定质量的气体被压缩时，气体压强不一定增大

B. 一定质量的气体温度不变压强增大时，其体积也增大

C. 气体压强是由气体分子间的斥力产生的

D. 在失重情况下，密闭容器内的气体对器壁没有压强

（4）关于内能，下列说法中正确的是（　　）.

A. 0 ℃的冰块的内能为 0

B. 温度高的物体比温度低的物体的内能多

C. 物体的温度降低，则物体的内能减少

D. 体积大的物体的内能一定比体积小的物体内能多

3. 简答题.

（1）简述分子动理论的主要内容.

（2）举例说明热力学能的改变方法及其在生活中应用.

## 3.2  能量的转换与守恒

### 【重点、难点】

1．热力学第一定律

（1）物体热力学能的增加等于外界向它传递的热量与外界对它做的功的和．这就是**热力学第一定律**，用公式表示为 $\Delta E = Q + W$．

（2）在热力学第一定律中，如果外界向物体传递热量，则 $Q$ 为正；如果外界对物体做功，则 $W$ 为正；如果物体向外界传递热量，则 $Q$ 为负；如果物体对外界做功，则 $W$ 为负；物体的热力学能增加，则 $\Delta E > 0$；物体的热力学能减小，则 $\Delta E < 0$．

2．能量守恒定律

（1）能量既不会凭空产生，也不会凭空消失，它只能从一种形式转化为另一种形式，或者从一个物体转移到另一个物体，在转化和转移的过程中，其总量保持不变．这就是**能量守恒定律**．

（2）永动机是不可能实现的．

### 【典型例题】

**例题**  写出与下列现象对应的能量转化关系．

（1）利用液化气做饭；（2）利用电炉取暖；（3）炮弹从炮筒中射出去；（4）电动机带动抽水机将水输送到高处．

**解**  （1）液化气燃烧是化学能转化为内能．

（2）利用电炉取暖是电能转化为内能．

（3）炮弹的发射通过火药燃烧产生高温高压燃气把炮弹推出去的，所以是化学能转化为内能，再转化成机械能．

（4）电动机旋转是电能转化成机轴旋转的动能，将水送到高处使水得到重力势能，所以整个过程是电能转化为动能，再转化为重力势能的过程．

【巩固练习】

## 练习 3.2

1. 填空题.

（1）热力学第一定律的表达式为＿＿＿＿＿＿＿＿＿＿.

（2）用活塞压缩气缸里的空气，对空气做了 900 J 的功，同时气缸向外散热 210 J，气缸中空气内能改变了＿＿＿＿＿.

（3）在与外界无热传递的封闭房间里，为了降低温度，打开电冰箱，使冰箱电机转动，经过较长时间后，房间内的气温将＿＿＿＿＿，这是因为＿＿＿＿＿＿＿＿＿＿.

2. 选择题（可能不止一个正确答案）.

（1）关于能量的转化与守恒，下列说法正确的是（　　）.

　　A. 任何制造永动机的设想，无论它看上去多么巧妙，都是一种徒劳

　　B. 空调机既能制热，又能制冷，说明热传递不存在方向性

　　C. 由于自然界的能量是守恒的，所以说能源危机不过是杞人忧天

　　D. 一个单摆在来回摆动许多次后总会停下来，说明这个过程的能量不守恒

（2）一个系统内能减少，下列方式中哪个是不可能的（　　）.

　　A. 系统不对外界做功，只有热传递

　　B. 系统对外界做正功，不发生热传递

　　C. 外界对系统做正功，系统向外界放热

　　D. 外界对系统做正功，并且系统吸热

（3）汽车关闭发动机后，沿斜坡匀速下滑的过程中（　　）.

　　A. 汽车机械能守恒

　　B. 汽车的动能和势能相互转化

　　C. 汽车的机械能转化为内能，总能量减少

　　D. 机械能逐渐转化为内能，总能量守恒

3. 计算题.

（1）空气压缩机在一次压缩中，活塞对空气做了 $2 \times 10^5$ J 的功，同时空气的内能增

加了 $1.5 \times 10^5$ J，这一过程中空气向外界传递的热量是多少？

（2）一定质量的气体膨胀做功为 $1.45 \times 10^5$ J，热力学能增加了 $3.25 \times 10^5$ J，那么气体在这个过程中是从外界吸热还是放热？吸收或者放出的热量是多少？

# 本章自我检测题

1. 填空题（每空 2 分，共 40 分）.

（1）生活中为了增加菜的味道，炒菜时要往菜中加盐和味精，腌菜时也要加入盐和味精，盐和味精在_____时候溶化得快，这是因为炒菜时的温度比腌菜时的温度_____，分子_____的缘故.

（2）热力学能是指物体内部_____做_____运动所具有的动能和_____的总和. 因为物质都是由分子组成的，并且分子在永不停息地做_____运动，分子之间总存在相互作用的_____和_____，因此可以肯定，一切物体都具有_____.

（3）长期堆放煤的墙角，在地面和墙角内有相当厚的一层会变成黑色，用分子运动论的观点解释，这是一种_____现象.

（4）气缸中的气体膨胀时推动活塞向外运动，若气体对活塞做的功是 $6×10^4$ J，气体的内能减少了 $4×10^4$ J，则在此过程中气体_____（填"吸收"或"放出"）了_____的热量.

（5）做功和热传递对_____是等效的，但它们之间有本质的区别，做功实际上是_____的_____，热传递则是_____的_____.

（6）在摩擦生热的现象中_____能转化为_____能.

2. 选择题（每小题只有一个正确答案，每小题 3 分，共 15 分）.

（1）关于热运动，下列说法正确的是（　　）.

    A. 0℃时，分子的热运动停止了

    B. 物体温度越高，热运动越剧烈

    C. 气体分子的热运动最剧烈，固体分子没有热运动

    D. 运动物体比静止物体的分子热运动剧烈

（2）把两块纯净的铅压紧，它们就会合成一块，而两块光滑的玻璃紧贴在一起，却不能合成一块的原因是（　　）.

    A. 玻璃分子间不存在引力

    B. 玻璃分子间距离太大，分子间没有作用力了

    C. 玻璃太硬，斥力大于引力

D．以上说法都不对

（3）下列改变物体内能的物理过程，不是做功改变物体内能的有（　　）．

    A．用锯子锯木料，锯条温度升高        B．阳光照射地面，地面温度升高

    C．搓搓手就感觉手暖和些             D．擦火柴时，火柴头燃烧起来

（4）下列过程不可能的是（　　）．

    A．物体吸收热量，对外做功，同时内能增加

    B．物体吸收热量，对外做功，同时内能减少

    C．外界对物体做功，同时物体吸收热量，内能减少

    D．外界对物体做功，同时物体放出热量，内能增加

（5）一定量的气体在某一过程中，外界对气体做功 $8.0 \times 10^4$ J，气体内能减少 $1.2 \times 10^5$ J，传递热量为 Q，则下列各式正确的是（　　）．

    A．$W = 8.0 \times 10^4$ J；$\Delta E = -1.2 \times 10^5$ J；$Q = 4 \times 10^4$ J

    B．$W = 8.0 \times 10^4$ J；$\Delta E = -1.2 \times 10^5$ J；$Q = -2 \times 10^4$ J

    C．$W = 8.0 \times 10^4$ J；$\Delta E = -1.2 \times 10^5$ J；$Q = 2 \times 10^4$ J

    D．$W = 8.0 \times 10^4$ J；$\Delta E = -1.2 \times 10^5$ J；$Q = -4 \times 10^4$ J

3．指出下面几个过程中，哪些是能的转移，哪些是能的转化，如果是能的转化，指出是什么能转化为什么能．（每空3分，共15分）

（1）电炉丝通电发红；

（2）流星拖着发光的亮尾巴；

（3）烧开水，水先变热后沸腾；

（4）太阳能电池；

（5）水平面上运动的小球撞动静止的小球.

4. 问答题（共 30 分）.

（1）简述热力学第一定律.

（2）简述能量守恒定律.

# 第4章　直流电路与安全用电

## 4.1　电阻定律

### 【重点、难点】

1．电流

（1）电荷的定向移动形成电流，习惯上规定正电荷定向移动的方向为电流的方向.

（2）电流的强弱用电流强度来表示，通过导体横截面的电荷量 $q$ 跟通过这些电荷量所用时间 $t$ 的比值叫做电流强度，简称**电流**.用 $I$ 表示电流，则有

$$I = \frac{q}{t}$$

在国际制单位中，电流的单位是安培，简称安，写作 A.电流常用的单位还有毫安（mA）和微安（μA）.

2．部分电路欧姆定律

（1）导体中的电流 $I$ 与导体两端的电压 $U$ 成正比，与导体的电阻 $R$ 成反比.这就是**部分电路欧姆定律**.用公式表示，则为

$$I = \frac{U}{R}$$

（2）欧姆定律不仅适用于金属导体，也适用于电解质容液，但不适用于气态导体和某些半导体元件.

3．电阻定律

（1）在一定温度下，导体的电阻 $R$ 跟它的长度 $L$ 成正比，跟它的横截面积 $S$ 成反比.这就是**电阻定律**.用公式表示，则有

$$R = \rho \frac{l}{S}$$

式中的比例常数 $\rho$ 称为材料的电阻率.对于不同的材料，其电阻率也不相同.电阻率的单

位是 Ω·m（欧米）.

（2）电阻是导体本身的属性，与构成它的材料和温度有关.

4．超导体

（1）大多数金属当温度降低到绝对零度附近时，它们的电阻率会突然减小到 0，这种现象被称为**超导现象**.

（2）导体由普通状态向超导体转变时的温度称为**超导转变温度**或**临界温度**.

## 【典型例题】

**例题 1**  有一段粗细均匀的导线，电阻是 4 Ω，把它对折起来作为一条导线用，电阻是多大？如果把它均匀拉长到原来的两倍，电阻又是多大？

**分析**  同一段导线，电阻率不变，将其对折，则长度 $l_1 = \dfrac{1}{2}l$，而其横截面积 $S_1 = 2S$，根据电阻定律就可求出其电阻；若将其均匀拉伸为原来的 2 倍，则 $l_2 = 2l$，$S_1 = \dfrac{1}{2}S$，同样根据电阻定律可求出电阻.

**解**  根据电阻定律 $R = \rho \dfrac{l}{S}$，则

$$R_1 = \rho \frac{\frac{1}{2}l}{2S} = \frac{1}{4} \rho \frac{l}{S} = \frac{1}{4} \times 4 = 1\,\Omega$$

$$R_2 = \rho \frac{2l}{\frac{1}{2}S} = 4\rho \frac{l}{S} = 4 \times 4 = 16\,\Omega$$

**例题 2**  一条粗细均匀的导线长 1 200 m，在其两端加上恒定的电压时，测得通过它的电流为 0.5 A．如剪去一段后，在剩余部分的两端加同样的恒定电压时，通过它的电流为 0.6 A，则剪去的导线长度有多少？

**分析**  由于电压是恒定的，根据欧姆定律就可以算出原导线与剩余部分导线的电阻比，再根据电阻定律算出原导线与剩余导线的长度之比，就可以求出剪去的导线的长度.

**解**  设导线原长为 $L_1$，电阻为 $R_1$，剩余部分长度为 $L_2$，电阻为 $R_2$，根据欧姆定律，则

$$U = I_1 R_1 = I_2 R_2 \Rightarrow \frac{R_1}{R_2} = \frac{I_2}{I_1} = \frac{0.6}{0.5} = \frac{6}{5}$$

而根据电阻定律

$$R_1 = \rho \frac{L_1}{S}, \ R_2 = \rho \frac{L_2}{S} \Rightarrow \frac{R_1}{R_2} = \frac{L_1}{L_2} = \frac{6}{5}$$

已知 $L_1 = 1\,200$ m，因此，$L_2 = 1\,000$ m，则

被剪去的部分

$$\Delta L = L_1 - L_2 = 200 \text{ m}$$

## 【巩固练习】

### 练 习 4.1

1. 填空题.

（1）通过导体的电流，与导体的_____成正比，与导体的_____成反比. 这个定律叫做_____，可用公式_____表示，其中_____表示电压，单位是_____，_____表示电阻，单位是_____，_____表示电流，单位是_____.

（2）某导体的电阻为 10 Ω，当加在它两端的电压为_____时，通过导体的电流为 0.35 A.

（3）在国际单位制中，电阻率的单位为_____，电阻率是导体自身的属性，与其_____和_____有关.

2. 选择题.

（1）关于电流和电阻，下列说法中正确的是（　　）.

A. 电流方向与导体中电荷的定向移动方向相同

B. 金属导体温度升高时，由于自由电子的热运动加剧，所以电流增大

C. 由 $R = \dfrac{U}{I}$ 可知，导体的电阻与它两端所加的电压成正比，与通过它的电流成反比

D. 对给定的导线，比值 $\dfrac{U}{I}$ 是个定值，它反映导体本身的一种性质

（2）下列说法中正确的是（　　）.

A. 导体中电荷运动就形成了电流　　　B. 电流强度的单位是安培

C. 电流强度有方向，它是一个矢量　　　D. 导体中的自由电荷越多，电流越大

（3）下列关于电阻率的叙述，错误的是（　　）.

A. 当温度极低时，超导材料的电阻率会突然减小到 0

B. 常用的导线是用电阻率较小的铝、铜材料做成的

C. 材料的电阻率取决于导体的电阻、横截面积和长度

D. 材料的电阻率随温度变化而变化

（4）一粗细均匀的镍铬丝，截面直径为 $d$，电阻为 $R$. 把它拉制成直径为 $\dfrac{d}{10}$ 的均匀细丝后，它的电阻变为（　　）.

A. $\dfrac{R}{1\,000}$　　　　B. $\dfrac{R}{100}$　　　　C. $100\,R$　　　　D. $10\,000\,R$

3. 计算题.

（1）加在某段导体两端的电压变为原来的 $\dfrac{1}{3}$ 时，导体中电流就减小 0.6 A；如果所加压变为原来的 2 倍时，导体中电流将变为多少？

（2）某电路需要 20 A 的保险丝，但手边只有用同种材料制成的"15 A"和"5 A"两种型号的保险丝，他们的规格如表所示，问能否将这两种保险丝取等长的两段并联后用于该电路中？说明其理由.

| 保险丝 | 1 | 2 |
|---|---|---|
| 直径 | 1 mm | 2 mm |
| 额定电流 | 5 A | 15 A |

（3）电厂到用户两地之间原用电阻率为 $\rho_1$，横截面半径为 $s_1$ 的导线输电，由于农村电网改造需要换为电阻率为 $\rho_2$ 的导线输电，为达到原输电线路电阻不变的设计要求，新换导线的半径为多大？

# 4.2 串联电路和并联电路

## 【重点、难点】

1．串联电路

（1）把两个或两个以上的电阻依次连接起来，并把两端接入电源，就组成了**串联电路**.

（2）在串联电路中，电路各处的电流都相等，电路两端的总电压等于各部分电压之和，即

$$I = I_1 = I_2$$
$$U = U_1 + U_2$$

（3）串联电路的总电阻等于各个串联电阻之和，即 $R = R_1 + R_2$.

（4）串联电路的总电压被分配在各个串联电阻上，串联电路的这种作用叫做分压作用，串联电路也叫做分压电路.

（5）在串联电路中，总电阻大于任何一个分电阻.

2．并联电路

（1）把两个或两个以上的电阻两端并列连接在电路中，就组成了**并联电路**.

（2）在并联电路中，各支路两端的电压相等，电路中的总电流等于各支路之和．用

公式可以表示为

$$U = U_1 = U_2$$
$$I = I_1 + I_2$$

（3）并联电路总电阻的倒数等于各支路电阻的倒数之和，即

$$\frac{1}{R} = \frac{1}{R_1} + \frac{1}{R_2}$$

（4）在并联电路中，每个支路上通过的电流都是总电流的一部分，并联电阻可以分担一部分电流，并联电阻的这种作用叫做分流作用.

（5）在并联电路中，总电阻要小于任何一个分电阻，并且并联的电阻越多，其总电阻越小.

【典型例题】

**例题 1** 两个电压表 $V_1$ 和 $V_2$ 是由完全相同的电流表改装成的，$V_1$ 的量程是 5 V，$V_2$ 的量程是 15 V. 为了测量 15～20 V 的电压，拟将两电压表串联使用，这种情况下（　　）.

A．两个电压表的读数相等

B．两个电压表的指针偏转角度相等

C．两个电压表的读数等于两电压表的内阻之比

D．两个电压表指针偏转角度之比等于两电压表内阻之比

**分析** 改装电压表时，需串联一个分压电阻. 用同样的表头改装成量程不同的电压表，量程越大，改装倍数越大，需要分压电阻越大，改装后电压表的内阻也将越大，故 $R_1 < R_2$. 当两电压表串联时，根据串联电路中的分压原理，应有 $\dfrac{U_1}{R_1} = \dfrac{U_2}{R_2}$ 即内阻大的分压大，所以 A 错误，C 正确. 两表的偏角取决于过表头的电流，两个表头也是串联关系，通过的电流应相同，故偏角相同，所以 B 正确，D 错误.

**解** BC

**例题 2** 有一只电压表，它的内阻是 100 Ω，量程为 0.2 V，现要改装成量程为 10 A 的电流表，电压表上应（　　）.

A．并联 0.002 Ω 的电阻　　　　　　　　B．并联 0.02 Ω 的电阻

C．并联 50 Ω 的电阻　　　　　　　　　　D．串联 4 900 Ω 的电阻

**分析** 改装前电压表的满偏电流为 $I_{\mathrm{g}} = \dfrac{U_{\mathrm{g}}}{R_{\mathrm{g}}} = \dfrac{0.2}{100} = 2 \times 10^{-3}$ A，为扩大量程，应当并联

一只电阻进行分流，则并联电阻大小为 $R_x = \dfrac{U_g}{I - I_g} = \dfrac{0.2}{10 - 2 \times 10^{-3}} \approx 0.02\,\Omega$

**解**　故选项 B 正确.

## 【巩固练习】

**练 习　4.2**

1. 填空题.

（1）串联电路的总电阻比任何一个导体的电阻都_____；并联电路的总电阻比任何一个导体的电阻都_____；将 $n$ 个阻值为 $R$ 的电阻串联，所得的总电阻是_____.

（2）两个电阻为 $R_1 = 5\,\Omega$，$R_2 = 10\,\Omega$ 的电阻串联在 15 V 的电源两端，此时电路的总电阻是_____，通过 $R_1$ 的电流为_____，$R_2$ 两端分得的电压为_____.

（3）把 $R_1 = 15\,\Omega$，$R_2 = 5\,\Omega$ 的两个电阻并联后接在电源上，通过 $R_1$ 的电流是 0.4 A，则干路中的总电流为_____，$R_2$ 两端的电压为_____.

2. 选择题.

（1）3 个阻值都为 12 Ω 的电阻，任意组合，总电阻不可能是下列的（　　）.

　A．4 Ω　　　　　　B．18 Ω　　　　　　C．24 Ω　　　　　　D．36 Ω

（2）如图 4-1 所示图中，四只电阻串联在某电路中. 已经测出 $U_{AC} = 9$ V，$U_{BD} = 6$ V，$R_2 = R_4$，则 $U_{AE}$ 为（　　）.

　A．3 V　　　　　　B．7.5 V　　　　　　C．15 V　　　　　　D．无法确定

（3）如图 4-2 所示，AB 间的电压是 30 V，改变滑动变阻器触头的位置，可以改变 CD 间的电压，$U_{CD}$ 的变化范围是（　　）.

　A．0～10 V　　　　B．0～20 V　　　　C．10～20 V　　　　D．20～30 V

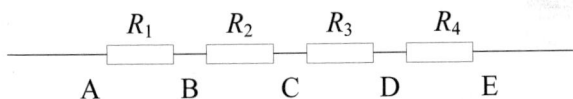

图 4-1

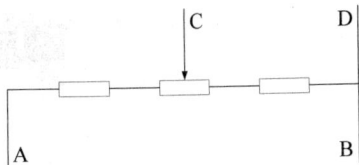

图 4-2

（4）下列说法错误的是（　　）.

　A．一个电阻和一根无电阻的理想导线并联，总电阻为 0

B．并联电路任一支路的电阻都大于电路的总电阻

C．并联电路任一支路的电阻增大（其他支路不变），则总电阻也增大

D．并联电路任一支路的电阻增大（其他支路不变），则总电阻一定减小

3．计算题．

（1）将量程为 100 μA，内阻为 500 Ω 的电流表改装成量程为 10 mA 的电流表，并用一个标准电流表与改装后的电流表串联，对它进行校准．改装和校准所用的器材如图 4-3 所示．求：

① 将电流表与电阻箱并联组成改装表，电阻箱应取多大的阻值？

② 在实物图上连线，使之成为改装表校准电路．（要求通过电流表的电流从 0 连续调到 10 mA，为防止电流过大损坏电表，串联上一个固定阻值的保护电阻）

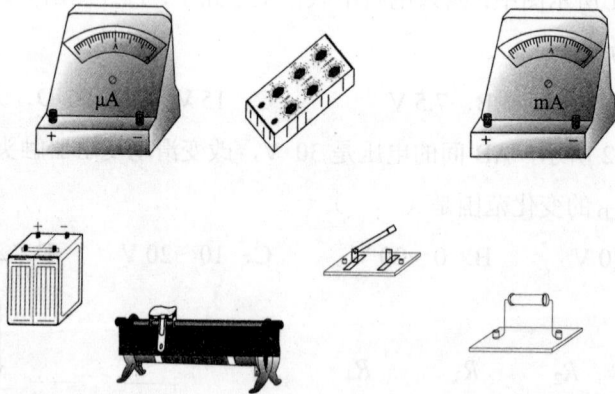

图 4-3

（2）一个电流表的电阻 $R_A$ 为 0.18 Ω，最大量程为 10 A，刻度盘分为 100 个刻度．现将其最大量程扩大为 100 A，需并联一个多大的电阻，此时刻度盘每个刻度表示多少？新

的电流表的内阻为多少？

## 4.3  电功与电功率

## 【重点、难点】

1．电功

（1）在导体的两端加上电压，导体内就形成了电场．导体内的电荷在电场力的作用下发生定向移动，形成了电流，因此电场力做了功．这个功叫做**电流做的功**，简称**电功**．

（2）电流通过一段电路时做的功 $W$，等于这段电路两端的电压 $U$ 与电路中的电流 $I$ 以及通电时间的乘积 $t$，即

$$W = UIt$$

电功的单位也是焦耳（J）．

（3）用来测量电路消耗电能（即电功）的仪表叫做**电能表**．

2．电功率

（1）电流所做的功与完成这些功所用时间的比值叫做**电功率**，通常用 $P$ 表示，即

$$P = \frac{W}{t}$$

（2）一段电路上的电功率等于这段电路两端的电压和电路中电流的乘积，即 $P = UI$．

（3）电功率是表示电流做功快慢的物理量，它的国际制单位是瓦特，简称瓦，写作 W．

（4）额定电压是指用电器正常工作时所需要的电压，在这个电压下消耗的功率称为**额定功率**，而用电器在实际电压下的功率叫做**实际功率**．

3．焦耳定律

（1）电流通过导体时产生的热量，等于电流的平方、导体的电阻和通电时间三者的乘积，这就是**焦耳定律**，用公式表示为 $Q = I^2Rt$．

（2）如果电路中只含有电阻，即纯电阻电路，电流做的功完全用于产生热，即 $W = Q$，此时，电流所做的功也可以用下面的公式表示

$$W = Q = I^2Rt = \frac{U^2}{R}t$$

## 【典型例题】

**例题 1** 表 4-1 是一台电冰箱铭牌上的部分数据，正常使用这台电冰箱 30 天，消耗的电能是多少焦？若该地区的电费是每度电 0.4 元，那么应付的电费是多少元？

| 额定电压 | 220 V |
|---|---|
| 额定频率 | 50 Hz |
| 输入总功率 | 125 W |
| 耗电量 | 0.55 kW·h/24 h |

**解** 由题意得

$$W = 0.55 \times 30 \times 24 = 16.5 \text{ kW·h} = 5.94 \times 10^7 \text{ J}$$

应付电费为 16.5 kW·h × 0.4元/（kW·h）= 6.6 元

**例题 2** 若把"6 V 12 W"的灯泡接到 3 V 的电路中，该灯泡的实际功率是多少？

**分析** 根据灯泡的额定电压和额定功率可以求出灯泡的电阻，从而求出灯泡的实际功率．

**解** 灯泡的电阻为

$$R = \frac{U_{额}^2}{P_{额}} = \frac{(6 \text{ V})^2}{12 \text{ W}} = 3 \Omega$$

灯泡的实际功率为

$$P_{实} = \frac{U_{实}^2}{R} = \frac{(3 \text{ V})^2}{3 \Omega} = 3 \text{ W}$$

## 【巩固练习】

### 练 习 4.3

1. 填空题.

（1）将标有"220 V　40 W"的灯泡接在 200 V 的电路中,灯泡消耗的实际功率＿＿＿＿＿额定功率（选填"大于"、"等于"或"小于"）；如果该灯泡正常发光 5 h,将会消耗＿＿＿＿＿kW·h 的电能.

（2）电能表是测量＿＿＿＿＿的仪表. 1 kW·h 的电能可供标有"220 V　40 W"的灯泡正常工作＿＿＿＿＿h.

（3）某家用电能表上标有"220 V　5 A　3000 R/（kW·h）"的字样,当家中用电器全部工作时,电能表 1 分钟转了 45 转. 由此可估算出该家所有用电器的总功率为＿＿＿＿＿＿；若该家全部用电器工作时的总电流不超过电能表的额定电流,还可以再增加＿＿＿＿＿以下的用电器.

（4）焦耳定律的内容为：电流通过导体产生的热量跟＿＿＿＿＿的二次方成正比,跟导体的电阻成正比,跟＿＿＿＿＿成正比.

2. 选择题.

（1）在物理学中,"千瓦时"是下列哪个物理量的单位（　　　）.

　　A．电压　　　　B．电功　　　　C．电阻　　　　D．时间

（2）如果加在定值电阻两端的电压从 8 V 增加到 10 V 时,通过定值电阻的电流相应变化了 0.2 A,则该定值电阻所消耗的电功率的变化量是（　　　）.

　　A．0.4 W　　　B．2.8 W　　　C．3.2 W　　　D．3.6 W

（3）把标有"220 V　100 W"和"220 V　40 W"字样的两个灯泡串联接在 220 V 的电路中,下列说法中正确的是（　　　）.

　　A．100 W 灯泡比 40 W 灯泡亮

　　B．40 W 灯泡两端的电压较高

　　C．100 W 灯泡的实际功率大于它的额定功率

　　D．40 W 灯泡的实际功率大于它的额定功率

3. 计算题.

（1）工厂车间的机床上装有"36 V　40 W"的照明灯. 求：① 照明灯正常工作时的电流（保留1位小数）；② 照明灯正常工作1 min消耗的电能.

（2）如图 4-4 是家用电饭锅的简化电路示意图，$S_1$ 是限温开关，靠手动闭合，当温度达到 103 ℃时自动断开，不能自动闭合. $S_2$ 是自动开关，当温度超过 80 ℃时自动断开，温度低于 70 ℃时自动闭合. 电阻 $R_2$ 的阻值是 1 886 Ω，$R_1$ 是工作电阻，阻值为 50 Ω. 锅中放好适量的米和水，接入家庭电路，闭合手动开关 $S_1$ 后，电饭锅就能自动煮好米饭并保温. 试求：

① 加热过程中电饭锅消耗的电功率 $P_1$ 为多少？② 保温过程中电饭锅消耗的电功率 $P_2$ 是在哪两个值之间跳动？

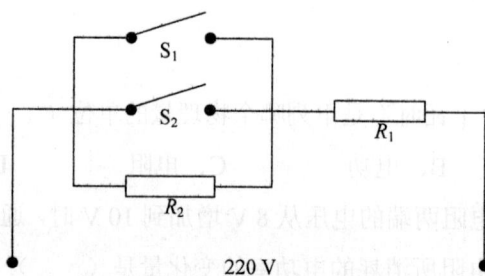

图 4-4

（3）一根 $60\ \Omega$ 的电阻丝接在 $36\ V$ 的电源上，在 $5\ min$ 内共产生多少热量？

# 4.4 全电路欧姆定律

## 【重点、难点】

1. 电源电动势

（1）**电源**就是把其他形式的能转化为电能的装置.

（2）**电动势**是电源本身的属性，取决于电池正、负极材料及电解液的化学性质，跟电源的体积，是否接入外电路亦无关.

（3）电源内部是由导体组成的，也有电阻，叫做电源的内阻，用 $r$ 表示，它是电源内部导体对电流的阻碍作用，与导体的体积和形状有关.

2. 全电路欧姆定律

（1）在电路中，电源的内阻分得的电压称为内电压，外电路分得的电压叫做外电压，通常称为端电压，而内电压与外电压之和就是**电源的电动势**.

（2）全电路中的电流跟电源的电动势成正比，跟电路的总电阻成反比，这就是**全电路欧姆定律**，用公式表示为

$$I = \frac{E}{R+r}$$

（3）当外电路断路时，$R$ 变为无穷大，$I$ 为 0，端电压就等于电源的电动势；当外电路短路时，$R$ 为 0，此时电路中的电流最大，端电压等于 0.

## 【典型例题】

**例题** 如图4-5所示，$R$ 的阻值为 0.8 Ω. 当开关 S 断开时，电压表的读数为 1.5 V；当开关 S 闭合时，电压表的读数为 1.2 V，则该电源的电动势和内阻分别是多少？

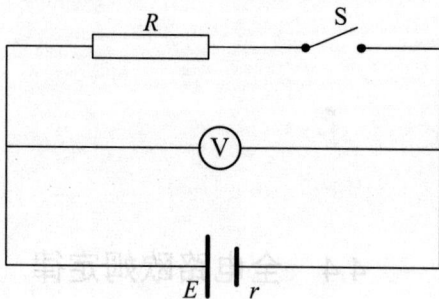

**分析** 当开关 S 断开时，电压表测得的数据是电源的电动势；而 S 闭合时，电压表测得的数值是电阻 $R$ 两端的电压，根据闭合电路欧姆定律即可求得答案.

**解** 电源两端电动势为

$$E = 1.5 \text{ V}$$

闭合开关 S 后，电路中的电流为

$$I = \frac{U}{R} = \frac{1.2}{0.8} = 1.5 \text{ A}$$

电源内阻 $r$

$$r = \frac{E - U}{I} = \frac{1.5 - 1.2}{1.5} = 0.2 \text{ Ω}$$

## 【巩固练习】

### 练习 4.4

1. 填空题.

（1）电池的内电阻是 0.2 Ω，外电路上的电压是 1.8 V，电路里的电流是 0.2 A，则电池的电动势是_____V，外电路的电阻是_____Ω.

（2）如图4-6所示，当开关 S 断开时，理想电压表示数为 3 V，当开关 S 闭合时，电压表示数为 1.8 V，则外电阻 $R$ 与电源内阻 $r$ 之比为_____.

（3）如图 4-7 所示，已知电池组的总内阻 $r=1\ \Omega$，外电路电阻 $R=5\ \Omega$，电压表的示数 $U=2.5\ \text{V}$，则电池组的电动势 $E$ 为 _____．

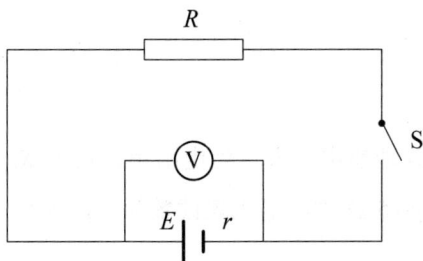

图 4-6

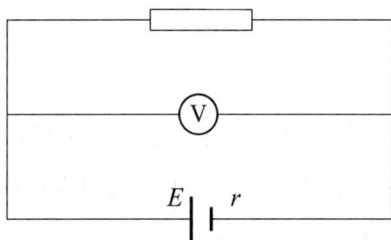

图 4-7

2．选择题（可能不止一个正确答案）．

（1）许多人造卫星都用太阳能电池供电，太阳能电池由许多片电池板组成，某电池板的开路电压是 600 mV，短路电流是 30 mA，这块电池板的内电阻是（    ）．

    A．$60\ \Omega$        B．$40\ \Omega$        C．$20\ \Omega$        D．$10\ \Omega$

（2）若 $E$ 表示电动势，$U$ 表示外电压，$U'$ 表示内电压，$R$ 表示外电路的总电阻，$r$ 表示内电阻，$I$ 表示电流，则下列各式中正确的是（    ）．

    A．$U'=IR$        B．$U'=E-U$        C．$U=E+Ir$        D．$U=\dfrac{E}{R+r}R$

（3）下列关于闭合电路的说法中，错误的是（    ）．

    A．电源短路时，电源的内电压等于电动势

    B．电源短路时，路端电压为 0

    C．电源断路时，路端电压最大

    D．电源的负载增加时，路端电压增大

3．计算题．

（1）如图 4-8 所示，$R_1=14\ \Omega$，$R_2=9\ \Omega$，当 S 扳到位置 1 时，电压表示数为 2.8 V，当开关 S 扳到位置 2 时，电压表示数为 2.7 V，求电源的电动势和内阻？（电压表为理想电表）

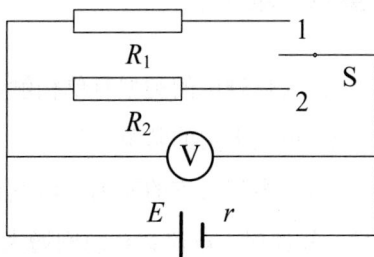

图 4-8

（2）如图 4-9 所示，$R$ 为电阻箱，电压表为理想电压表．当电阻箱读数为 $R_1 = 2\ \Omega$ 时，电压表读数为 $U_1 = 4\ V$；当电阻箱读数为 $R_2 = 5\ \Omega$ 时，电压表读数为 $U_2 = 5\ V$．求电源的电动势 $E$ 和内阻 $r$．

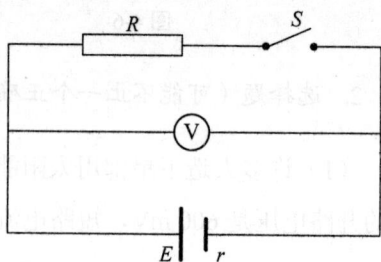

**图 4-9**

## 4.5　安全用电

### 【重点、难点】

1．人体触电的类型有单相触电、两相触电和跨步电压触电．

2．电气火灾的防范

（1）电气火灾的原因：电气设备或导线的功率或电流超过其额定值，即过载；线路短路，短路时，电流就会急剧增大，过大的电流通过导线，会在极短的时间内使导线产生高达数千摄氏度的高温，足以引燃附近的易燃物，造成火灾；电线接头接触不良，造成线路接触电阻过大也可能引起发热起火．

（2）生活中应当注意电气火灾的防范，树立安全用电意识．

3．牢记用电安全措施，若发现有他人发生触电事故时，不应惊慌失措，而应采取有效措施进行营救．首先应当迅速关闭开关，切断电源，并且用绝缘物体如木棒等挑开触电者身上的电线等带电物体；其次，应立即呼叫 120 急救中心；再次，要使触电者保持呼吸畅通，用干净的敷料包扎电灼伤的伤口和创面，若有需要及能力可对触电者进行心肺复苏．

## 【巩固练习】

### 练 习 4.5

1．简述人体触电的类型．

2．简述电气火灾发生的原因及防范措施．

3．简述触电急救方法．

## 本章自我检测题

1. 填空题（每空 2 分，共 22 分）.

（1）有一根粗细均匀的电阻丝，当两端加上 2 V 电压时通过其中的电流为 4 A，现将电阻丝均匀地拉长，然后两端加上 1 V 电压，这时通过它的电流为 0.5 A．由此可知，这根电阻丝已被均匀地拉长为原长的_____倍.

（2）本世纪初科学家发现，某些金属材料当_____降低到一个临界值以下时，会出现电阻_____的现象，这种现象叫做超导现象.

（3）一灵敏电流计，允许通过的最大电流（满刻度电流）为 $I_g = 50$ μA，表头电阻 $R_g = 1$ kΩ．若改装成量程为 $I_m = 10$ mA 的电流表，应_____联的电阻阻值为_____；若将此电流计改装成量程为 $U_m = 15$ V 的电压表，应再_____联一个阻值为_____的电阻.

（4）某导体的电阻为 10 Ω，10s 内通过导体的电流为 0.3 A，10s 内电流通过导体做功_____；如果通过该导体的电流变为 0.6 A，则该导体的电阻为_____.

（5）1 度电可以供一个标有"220 V 25 W"的灯泡正常发光的时间是_____小时.

（6）电动势表示电源把_____转化为_____的本领大小.

（7）电源的电动势为 3.0 V，内电阻为 0.20 Ω，外电路的电阻为 4.80 Ω，则电路中的电流为_____，内电压为_____，路端电压为_____.

2. 选择题（每小题只有一个正确答案，每小题 3 分，共 18 分）.

（1）有关电阻率的叙述正确的是（　　）.

A. 电阻率反映了导体阻碍电流的性质

B. 各种材料的电阻率在数值上等于该材料长 1 m，横截面积 1 $m^2$ 的电阻

C. 纯金属的电阻率比合金的电阻率大

D. 金属材料的电阻率在温度降低时增大

（2）一个电压表由表头 $G$ 与分压电阻 $R$ 串联而成，如图 4-10 所示，若在使用中发现电压表的读数总是比准确值稍小一些，采用下列哪种措施可能加以改进（　　）.

    A．在 $R$ 上串联一个比 $R$ 小得多的电阻

    B．在 $R$ 上串联一个比 $R$ 大得多的电阻

    C．在 $R$ 上并联一个比 $R$ 小得多的电阻

    D．在 $R$ 上并联一个比 $R$ 大得多的电阻

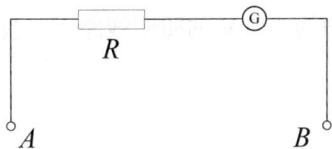

图 4-10

（3）将一根长为 1 的均匀电阻切成两段后，再并联使用，想使并联后的总电阻最大，那么在如下 4 种切法中，应选用（　　）.

    A．$l/2$，$l/2$        B．$l/3$，$2l/3$        C．$l/10$，$9l/10$        D．$l/100$，$99l/100$

（4）家庭电路中正在使用的两白炽灯，若甲灯比乙灯亮，则（　　）.

    A．甲灯灯丝电阻一定比乙灯的大        B．甲灯两端的电压一定比乙灯的大

    C．通过甲灯的电量一定比乙灯的小        D．甲灯的实际功率一定比乙灯的大

（5）有 $5\,\Omega$ 和 $10\,\Omega$ 的两个定值电阻，先将它们串联，后将它们并联接在同一个电源上，则关于它们两端的电压和消耗的电功率的关系是（　　）.

    A．串联时，电压之比是 $1:2$，电功率之比是 $2:1$

    B．串联时，电压之比是 $2:1$，电功率之比是 $1:2$

    C．并联时，电压之比是 $1:1$，电功率之比是 $2:1$

    D．并联时，电压之比是 $1:1$，电功率之比是 $1:2$

（6）下列有关电源电动势的说法，错误的是（　　）.

    A．电源的电动势数值上等于不接用电器时电源正负两极间的电压

    B．电源的电动势反映了电源将其他形式能转化为电能的本领大小

    C．电源的电动势就是电压

    D．电源的电动势等于电路中内、外电压之和

3．计算题（每小题 12 分，共 60 分）.

（1）有一条康铜丝，横截面积为 $0.01\ \text{mm}^2$，长度为 $1.22\ \text{m}$，在它两端加 $0.6\ \text{V}$ 的电压时，通过它的电流正好是 $0.01\ \text{A}$．求这种康铜丝的电阻率.

（2）一盏弧光灯的额定电压是 40 V，正常工作时的电流是 5 A，如何把它接入电压恒为 220 V 的照明线路上，使它正常工作？

（3）一只电烙铁的规格为"220 V　110 W"请回答下列问题：① 该电烙铁正常工作的电流为多少？② 该电烙铁的电阻为多少？③ 在额定电压下通电 10 min 产生多少热量？

（4）灯丝电阻为 440 Ω 的灯泡，把它接在 220 V 电压的电路中，灯泡的电功率是多少？

（5）人造卫星常用太阳能电池供电，太阳能电池由许多片电池板组成．某电池板的电动势是 5 V，如果直接用这个电池板向电阻为 40 Ω 的外电路供电，供电电流是 0.1 A．求：外电路的路端电压和电池板的内阻．

# 第5章 电场、磁场与电磁感应

## 5.1 电荷与电场

### 【重点、难点】

1. 电荷

（1）用丝绸摩擦过的玻璃棒带正电荷，用毛皮摩擦过的橡胶棒带负电荷；电荷最基本的性质是同种电荷互相排斥，异种电荷互相吸引.

（2）最小的电荷叫做**元电荷**，$e = 1.60 \times 10^{-19}$ C.

（3）若带电体间的距离比它们的自身大小大得多，以至于它们的形状、大小可以忽略不计时，就可以把它们看作是一个几何点，这样的带电体就是**点电荷**.

2. 电场

（1）电场对处在其中的电荷有力的作用，这种力叫做**电场力**.

（2）放入电场中某点的检验电荷受到的电场力 $F$ 与其电荷量 $q$ 的比值叫做该点的**电场强度**，简称**场强**. 用 $E$ 来表示电场强度，则有

$$E = \frac{F}{q}$$

3. 电场线

（1）电场中人为地画出一些有方向的曲线，曲线上任一点的切线方向就表示该点的场强方向，这些线就叫做**电场线**.

（2）电场线不是实际存在的线，是为了使电场形象化而画的假象线. 电场线的疏密程度与该处场强大小成正比；它始于正电荷（或无限远处），终于负电荷（或无限远处），不闭合，不相交.

4. 在电场的某一区域内，如果各点的电场强度大小和方向都相同，这个区域的电场就叫做**匀强电场**.

## 【典型例题】

**例题 1** 在电场中的某点 $A$ 放一带电量为 $q$ 的检验电荷，所受电场力为 $F$，则 $A$ 点的电场强度为_____. 若把此电荷 $q$ 移开，则 $A$ 点的电场强度是_____.

**分析** 检验电荷在 $A$ 点时，根据电场强度的定义可得 $E = \dfrac{F}{q}$，移走电荷 $q$ 后，$A$ 点的电场强度不变，仍为 $\dfrac{F}{q}$.

**解** $\dfrac{F}{q}$；$\dfrac{F}{q}$

**例题 2** 如图 5-1 所示，在光滑绝缘水平面上有两个分别带异种电荷的小球 A 和 B，它们均在水平向右的匀强电场中向右做匀加速运动，且始终保持相对静止. 设小球的电量分别为 $q_A$ 和 $q_B$，则下列判断正确的是（     ）.

A. 小球 A 带正电，小球 B 带负电，且 $q_A > q_B$

B. 小球 A 带正电，小球 B 带负电，且 $q_A < q_B$

C. 小球 A 带负电，小球 B 带正电，且 $q_A > q_B$

D. 小球 A 带负电，小球 B 带正电，且 $q_A < q_B$

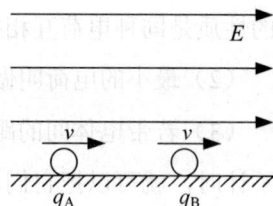

图 5-1

**分析** 两个小球在电场中受到的力为两个电荷之间的作用力和电场力. 若小球 A 带正电，小球 B 带负电，则小球 A 受到向右的电场力和向右的电荷间作用力，向右运动；小球 B 受到向左的电场力和向左的电荷间作用力，向左运动. 因此，A，B 错误. 由于小球向右做匀加速运动，因此小球受到的合外力方向水平向右，将小球 A，B 均看做一个整体，则

$$F_B - F_A = (m_A + m_B)a$$

由于加速度 $a$ 大于 0，因此小球 B 的电场力大于小球 A 的电场力，由于 $F = Eq$，因此，$q_A < q_B$，D 正确.

**解** 选 D

## 【巩固练习】

### 练 习 5.1

1. 填空题.

（1）用丝绸摩擦过的玻璃棒带_____，用毛皮摩擦过的橡胶棒带_____；电荷最基本的性质是_____.

（2）放入电场中某点的检验电荷受到的_____与_____的比值叫做该点的电场强度.

（3）如图 5-2 所示，质量为 $m$ 的小球用绝缘细线悬挂在 $O$ 点，放在匀强电场中，在图示位置处于平衡状态.匀强电场场强的大小为 $E$，方向水平向右，那么小球的带电性质是_____，其带电量_____，此时将细线剪断，小球在电场中的运动轨迹是_____，小球的加速度为_____.

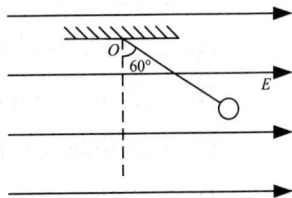

图 5-2

2. 选择题（可能不止一个正确答案）.

（1）在电场中存在 $A$，$B$，$C$，$D$ 4 点，$AB$ 连线和 $CD$ 连线垂直，在 $AB$ 连线和 $CD$ 连线上的各点电场强度和方向都相同，下列说法正确的是（　　）.

　　A．此电场一定是匀强电场

　　B．此电场可能是一个点电荷形成的

　　C．此电场可能是两个同种电荷形成的

　　D．此电场可能是两个异种电荷形成的

（2）在电场中某点引入电量为 $q$ 的正电荷，这个电荷受到的电场力为 $F$，则（　　）.

　　A．在这点引入电量为 $2q$ 的正电荷时，该点的电场强度将等于 $\dfrac{F}{2q}$

　　B．在这点引入电量为 $3q$ 的正电荷时，该点的电荷强度将等于 $\dfrac{F}{3q}$

　　C．在这点引入电量为 $2e$ 的正离子时，则离子所受的电场力大小为 $2e \cdot \dfrac{F}{q}$

D. 若将一个电子引入该点，则由于电子带负电，所以该点的电场强度的方向将和在这一点引入正电荷时相反

（3）下列说法正确的是（　　）.

A. 电场是为了研究问题的方便而设想的一种物质，实际上不存在

B. 电荷所受的电场力越大，该点的电场强度一定越大

C. 以点电荷周围各点的场强都相同

D. 在电场中某点放入检验电荷 $q$，该点的场强为 $E = \dfrac{F}{q}$，取走 $q$ 后，该点的场强不为 0

（4）如图 5-3 所示为电场中的一根电场线，在该电场线上有 $a$，$b$ 两点，用 $E_a$，$E_b$ 分别表示两处场强的大小，则（　　）.

A. $a$，$b$ 两点的场强方向相同

B. 因为电场线由 $a$ 指向 $b$，所以 $E_a > E_b$

C. 因为电场线是直线，所以 $E_a = E_b$

D. 因为不知道 $a$，$b$ 附近的电场线分布情况，所以不能确定 $E_a$，$E_b$ 的大小关系

图 5-3

3. 计算题.

（1）电荷所带电荷量为 $q_1 = 3.0 \times 10^{-10}$ C，在电场中的某一点所受的电场力 $F = 6.3 \times 10^{-7}$ N，方向竖直向上.

① 试求这一点的电场强度.

② 如果在这一点放一电荷量为 $q = 6.0 \times 10^{-10}$ C 的电荷，那么电荷所受电场力为多

少？若在这一点不放电荷，则这一点的场强为多少？

（2）一粒子质量为 $m$，带电量为 $+q$，以初速度 $v$ 跟水平方向成 45° 角斜向上进入匀强电场区域，粒子恰沿直线运动，求这匀强电场场强的最小值，并说明方向．

# 5.2  电势能、电势与电势差

## 【重点、难点】

1．电势能

（1）电场中的电荷由于受到电场力的作用而具有的能量叫做**电势能**，用 $E_p$ 表示．

（2）电场力对电荷做正功，则电荷的电势能减少；电场力对电荷做负功，则电荷的电势能增加．电场力对电荷做了多少功，电荷的电势能就变化了多少．

2．电势

（1）放在电场中某一点的电荷所具有的电势能 $E_p$ 与电荷量 $q$ 的比值叫做这一点的**电势**．电势一般用 $V$ 来表示，即

$$V = \frac{E_p}{q}$$

（2）电场的电势与地球上的高度一样，都是相对的．要确定某一点的电势，必须选取零电势点．零电势点的选取是任意的，一般选取大地或者无限远处为零电势点．

（3）在电场中电势的高低可以借助电场线来判断：沿着电场线的方向，电势越来越低．

3．电势差

（1）电场中任意两点的电势之差，叫做这两点的**电势差**，也就是直流电路的电压，用符号 $U$ 表示．

（2）电势差与零势能面的选取无关．

## 【典型例题】

**例题 1** 电场中有 $A$，$B$ 两点，把电荷从 $A$ 点移到 $B$ 点的过程中，电场力对电荷做正功，则（　）．

A．电荷的电势能减少　　　　　　B．电荷的电势能增加

C．$A$ 点的电场强度比 $B$ 点大　　D．$A$ 点的电场强度比 $B$ 点小

**分析** 电场力做正功，则电势能减少，因此 A 正确．而题中并没有指出电荷带正电或带负电，因此无法判断 $A$，$B$ 两点电场强度的大小．

**解** A

**例题 2** 电荷量 $q = 3.0 \times 10^{-6}$ C 的点电荷，从电场中的 $A$ 点移到 $B$ 点，电荷克服电场力做功 $6 \times 10^{-4}$ J．从 $B$ 点移到 $C$ 点，电场力对电荷做功 $9 \times 10^{-4}$ J．求电荷从 $A$ 点到 $C$ 点电场力做的功．

**解** 由题意得，电荷从 $A$ 点到 $B$ 点，电场力做功 $W_{AB} = -6 \times 10^{-4}$ J；从 $B$ 点移动到 $C$ 点的过程中，电场力做功 $W_{BC} = 9 \times 10^{-4}$ J．

电荷从 $A$ 点移动到 $C$ 点电场力做功

$$W_{AC} = W_{AB} + W_{BC} = -6 \times 10^{-4} + 9 \times 10^{-4} = 3 \times 10^{-4} \text{ J}$$

## 【巩固练习】

## 练习 5.2

1．填空题．

（1）电势能的数值大小与＿＿＿＿＿＿＿＿的选择有关，通常把＿＿＿＿＿＿＿＿

或_____的电势能规定为0.

（2）放在电场中某一点的电荷所具有的_____与_____的比值叫做这一点的电势.

（3）在如图5-4所示的电场中，已知$A,B$两点间的电势差$U = 20$ V，电荷$q = -2 \times 10^{-9}$ C由$A$点移动到$B$点，电场力所做的功是$-4 \times 10^{8}$ J，电势能_____（"增加"或"减少"）了_____.

2. 选择题.

（1）如图5-5所示，$a,b$为某电场线上的两点，那么以下的结论正确的是（　　）.

 A. 把正电荷从$a$移到$b$，电场力做正功，电荷的电势能减少

 B. 把正电荷从$a$移到$b$，电场力做负功，电荷的电势能增加

 C. 把负电荷从$a$移到$b$，电场力做正功，电荷的电势能增加

 D. 把负电荷从$a$移到$b$，电场力做负功，电荷的电势能减少

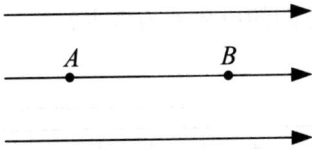

   图 5-4　　　　　　　　　　　　图 5-5

（2）在静电场中，关于场强和电势的说法正确的是（　　）.

 A. 电场强度大的地方电势一定高

 B. 电势为0的地方场强也一定为0

 C. 场强为0的地方电势也一定为0

 D. 场强大小相同的点电势不一定相同

（3）下述说法正确的是（　　）.

 A. 在同一等势面上移动电荷，电场力不做功

 B. 等势面上各点场强大小一定相等

 C. 电场中电势高处，电荷的电势能就大

 D. 电场强度大处，电荷的电势能就大

3．计算题.

（1）有一带负电的点电荷，从电场中的 $A$ 点移到 $B$ 点时，克服电场力做功 $6\times10^{-4}$ J. 从 $B$ 点移到 $C$ 点，电场力做功 $9\times10^{-4}$ J，问：① 以 $A$ 点为零电势能点，电荷在 $B$，$C$ 两点的电势能各为多少？$A$，$C$ 间的电势能之差为多少？② 若以 $B$ 点为零电势能点，电荷在 $A$，$C$ 两点的电势能各为多少？$A$，$C$ 间的电势能之差为多少？

（2）平行的带电金属板 A，B 间是匀强电场，如图 5-6 所示，两板间距离是 5 cm，两板间的电压是 60 V．试问：① 两板间的场强是多大？②电场中有 $P_1$ 和 $P_2$ 两点，$P_1$ 点离 A 板 0.5 cm，$P_2$ 点离 B 板也是 0.5 cm，$P_1$ 和 $P_2$ 两点间的电势差为多少？

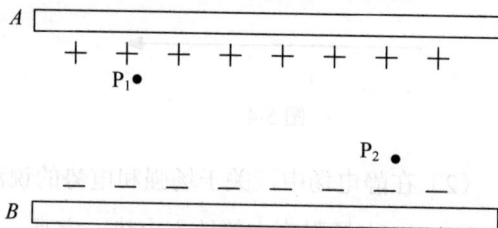

图 5-6

## 5.3　磁场与磁感强度

【重点、难点】

1．磁场

（1）存在于磁体周围的看不见的特殊物质，叫做**磁场**.

（2）磁场对放入其中的磁体产生力的作用．

（3）可以自由转动的小磁针在磁场某一位置静止时，它的北极所指的方向就是该点的磁场方向．

2．磁感线

（1）磁感线就是在磁场中画出一系列带箭头的曲线，使曲线上的每一点切线方向都和该点的磁场方向相同．

（2）磁感线是假设的曲线，并不客观存在．

（3）磁感线的特点是磁铁外部的磁感线从 N 极发出，进入 S 极，在空中不相交．在磁场中磁感线的疏密程度大致表示磁场强弱．

3．磁感强度

（1）磁场对电流的作用力叫做**安培力**．

（2）垂直于磁场方向的通电导线所受的安培力 $F$ 与电流 $I$ 和导线长度 $l$ 乘积的比值叫做通电导线所在位置的磁感强度．若用 $B$ 来表示磁感强度，则

$$B = \frac{F}{Il}$$

4．匀强磁场

（1）如果在磁场的某一区域内，各点的磁感强度的大小和方向都相同，那么我们就把这个区域内的磁场叫做**匀强磁场**．

（2）匀强磁场的磁感线是一些等距、平行的直线．

5．磁通量

（1）设在磁感强度为 $B$ 的匀强磁场中，有一个与磁场方向垂直的平面，面积为 $S$，我们把 $B$ 与 $S$ 的乘积叫做穿过该面积的**磁通量**，简称**磁通**．如果用 $\Phi$ 表示磁通量，则有

$$\Phi = BS$$

（2）同一个平面，当它跟磁场方向垂直时，穿过它的磁感线条数最多，磁通量最大；当它跟磁场方向平行时，没有磁感线穿过，磁通量最小．

6．电流的磁场

（1）直线电流的磁感线是一些以导线上各点为圆心的同心圆，这些同心圆都在与导线垂直的平面上；用安培定则判断磁感线方向：用右手握住导线，使大拇指沿着电流的方向伸直，那么弯曲的四指所指的方向就是磁感线的环绕方向．

（2）环形电流周围磁场的磁感线是一些围绕环形导线的闭合曲线，在环形导线的中心轴线上，磁感线与环形导线的平面垂直；用安培定则判断磁感线方向：使右手弯曲的四

指和环形电流的方向一致,伸直的大拇指所指的方向就是环形导线的中心轴线上的磁感线的方向.

（3）通电螺线管表现出的磁性,与条形磁铁相似,它的一端相当于 N 极,另一端相当于 S 极. 如果改变其中电流的方向,它的 N 极、S 极就对调;用右手握住通电螺线管,让弯曲的四指所指的方向与它的电流方向一致,大拇指所指的方向就是螺线管内部磁感线的方向,即通电螺线管的 N 极.

## 【典型例题】

**例题 1**　把长 20 cm 的直导线放入匀强磁场中,使导线和磁场垂直. 导线中的电流为 2 A,受到的磁场力为 $2 \times 10^{-3}$ N. 求该匀强磁场的磁感强度.

**解**　根据磁感强度的定义有

$$B = \frac{F}{Il} = \frac{2 \times 10^{-3}}{2 \times 0.02} = 5 \times 10^{-3} \text{ T}$$

**例题 2**　把一个面积为 100 cm$^2$ 的单匝线圈放在磁感应强度为 0.01 T 的匀强磁场中,当线圈平面与磁场垂直的时候穿过线圈的磁通量是多少?

**解**　根据磁通量的定义有

$$\Phi = BS = 0.01 \times 100 \times 10^{-4} = 1 \times 10^{-4} \text{ Wb}$$

## 【巩固练习】

### 练习 5.3

1. 填空题.

（1）将小磁针放入磁场中的某一点,磁场对小磁针有_____的作用,小磁针静止后 N 极所指的方向就是该点的_____的方向. 磁场的基本性质是它对放入其中的_____有_____的作用.

（2）磁感线的_____反映了磁场的强弱,磁感线_____的地方磁场强,磁感线_____的地方磁场弱.

（3）丹麦物理学家奥斯特通过实验,发现_____周围存在_____.

（4）磁感应强度 $B$ 与面积 $S$ 的乘积,叫做穿过这个面的_____,简称_____,用符号_____表示.

2．选择题．

（1）下列关于磁感线的说法中，正确的是（　　　）．

　　A．磁感线是由小铁屑形成的

　　B．磁场中有许多曲线，这些曲线叫磁感线

　　C．小磁针在磁感线上才受力，在两条磁感线之间不受力

　　D．磁感线是人们为了形象地描述磁场的分布而假想出来的，实际并不存在

（2）关于安培力的方向，下列说法错误的是（　　　）．

　　A．安培力 $F$ 的方向不总是垂直于由 $I$ 与 $B$ 所构成的平面

　　B．安培力 $F$ 的方向由 $I$ 的方向和 $B$ 的方向共同决定

　　C．如果 $I$ 和 $B$ 其中一个量的方向变为原来方向的反方向，则安培力 $F$ 的方向也变为原来方向的反方向

　　D．若 $I$ 和 $B$ 两个量的方向都变为原来方向的反方向，则安培力 $F$ 的方向不变

（3）通电螺线管内有一在磁场力作用下面处于静止的小磁针，磁针指向如图 5-7 所示，则（　　　）．

　　A．螺线管的 P 端为 N 极，a 接电源的正极

　　B．螺线管的 P 端为 N 极，a 接电源的负极

　　C．螺线管的 P 端为 S 极，a 接电源的正极

　　D．螺线管的 P 端为 S 极，a 接电源的负极

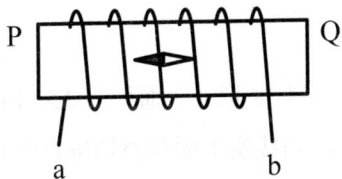

图 5-7

3．作图题．

（1）试画出图 5-8 中各图的磁感线．

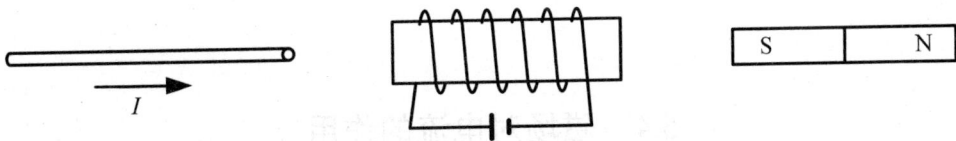

图 5-8

（2）指出图 5-9 中电流的方向．

图 5-9

4. 计算题.

（1）把长 10 cm 的直导线放入匀强磁场中，使导线和磁场垂直. 导线中的电流为 1 A，受到的磁场力为 0.1 N. 求该匀强磁场的磁感强度.

（2）把一个面积为 $2.5 \times 10^{-4}$ $m^2$ 的单匝矩形线圈放在磁感强度为 $1 \times 10^{-2}$ T 的匀强磁场中，当线圈平面与磁场垂直的时候穿过线圈的磁通量是多少？

# 5.4 磁场对电流的作用

## 【重点、难点】

1. 左手定则

左手平展，使大拇指与其余四个手指垂直，并且都与手掌在同一平面内，把左手放入磁场中，让磁感线垂直穿入手心，并且使伸开的四指指向电流方向，那么大拇指所指的方向就是通电导线在磁场中所受安培力的方向.

2．安培定律

当长度为 $l$ 的直导线垂直于磁场方向放入磁感强度为 $B$ 的磁场时，对导线通电，电流为 $I$，则通电直导线所受到的安培力的大小等于磁感强度 $B$、电流 $I$ 和导线长度 $l$ 三者的乘积. 这个规律最初是由安培通过实验归纳出来的，所以人们就把它叫做**安培定律**.

用公式表示为

$$F = BIl$$

## 【典型例题】

**例题**　把长 20 cm 的直导线放入匀强磁场中，使导线和磁场垂直. 导线中的电流为 2 A，受到的磁场力为 $2 \times 10^{-4}$ N．求该匀强磁场的磁感应强度.

**解**　根据安培定律，$F = BIl$，则

$$B = \frac{F}{Il} = \frac{2 \times 10^{-4}}{2 \times 20 \times 10^{-2}} = 5 \times 10^{-4} \text{ T}$$

## 【巩固练习】

### 练习 5.4

1．填空题.

（1）通电直导线在磁场中受到的磁场力叫做＿＿＿＿＿＿＿；它的方向可以用＿＿＿＿＿＿＿来判断.

（2）如图 5-10 所示，在同一水平面内宽为 2 m 的两导轨互相平行，并处在竖直向上的匀强磁场中，一根质量为 3.6 kg 的金属棒放在导轨上，当金属棒中的电流为 2 A 时，金属棒做匀速运动；当金属棒中的电流增加到 8 A 时，金属棒获得 2 m/s² 的加速度，则磁场的磁感应强度大小为＿＿＿＿＿＿.

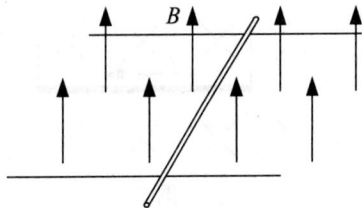

图 5-10

2. 选择题（可能不止一个正确答案）

（1）下列图中，分别标明了通电导线在磁场中的电流方向、磁场方向以及通电导线所受磁场力的方向，其中正确的是（　　）.

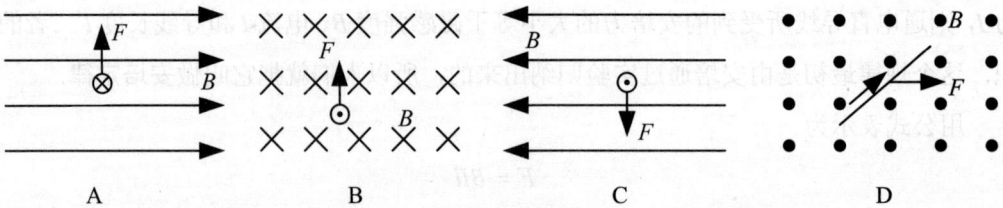

（2）一根通有电流 $I$ 的直铜棒用软导线挂在如图 5-11 所示匀强磁场中，此时悬线中的张力大于 0 而小于铜棒的重力．欲使悬线中拉力为 0，可采用的方法有（　　）.

A．适当增大电流，方向不变

B．适当减小电流，并使它反向

C．电流大小、方向不变，适当增强磁场

D．使原电流反向，并适当减弱磁场

（3）根据磁场对电流会产生作用力的原理，人们研制出一种新型的炮弹发射装置——电磁炮，它的基本原理如图 5-12 所示，下列结论中正确的是（　　）.

A．要使炮弹沿导轨向右发射，必须通以自 M 向 N 的电流

B．要使炮弹沿导轨向右发射，必须通以自 N 向 M 的电流

C．要想提高炮弹的发射速度，可适当增大电流或磁感应强度

D．使电流和磁感应强度的方向同时反向，炮弹的发射方向亦将随之反向

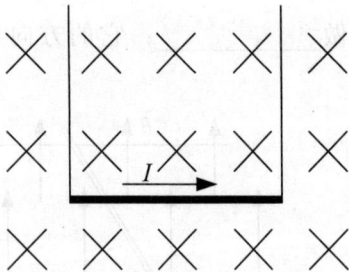

图 5-11

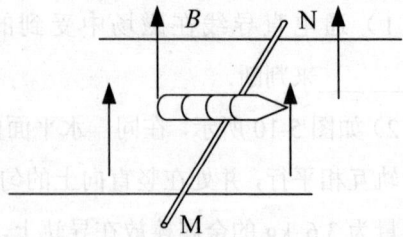

图 5-12

3. 判断图 5-13 中通电导体所受安培力方向.

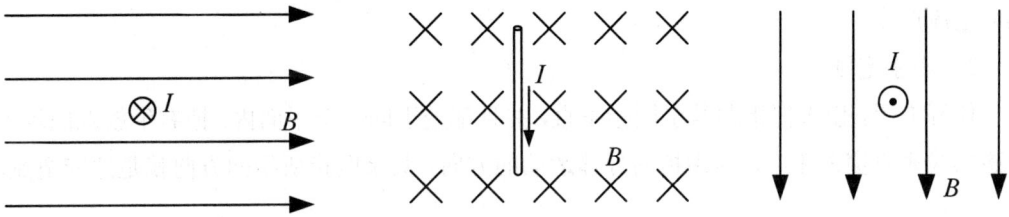

图 5-13

4. 计算题.

（1）把 30 cm 长的通电直导线放入匀强磁场中，导线的电流为 2 A，磁场的磁感强度是 1.2 T，求电流方向和磁场方向垂直时导线所受的磁场力.

（2）在磁感应强度为 0.5 T 的匀强磁场中，有一条与磁场方向垂直的 1 m 长的通电直导线，电流为 2 A，则直导线所受的安培力是多少？

# 5.5  电磁感应

## 【重点、难点】

1. 电磁感应现象

（1）由磁场产生电流的现象叫做**电磁感应现象**. 在电磁感应现象中形成的电流叫做

感应电流.

（2）不论用什么方法，只要通过闭合电路导体回路的磁通量发生变化，回路中就有感应电流产生.

2．右手定则

伸开右手，使大拇指跟其余四指垂直，并且都处于同一个平面内. 把右手放入磁场中，让磁感线垂直穿入手心，拇指指向导体运动的方向，其余四指所指的方向就是感应电流的方向.

3．法拉第电磁感应定律

（1）在电磁感应现象中产生的电动势叫做**感应电动势**. 产生感应电动势的那部分导体或线圈就相当于电源.

（2）导体回路中感应电动势的大小，跟通过这一电路的磁通量的变化率成正比. 这就是**法拉第电磁感应定律**.

（3）设在时间 $\Delta t$ 内，穿过某单匝线圈的磁通量的变化量为 $\Delta \Phi$，则在单匝线圈中产生的感应电动势 $E$ 为

$$E = \frac{\Delta \Phi}{\Delta t}$$

【典型例题】

**例题** 将磁铁的一极在 0.2 s 内插入匝数为 200 匝的线圈内，在这段时间内，线圈的磁通量由 0 增加至 $1.5 \times 10^{-5}$ Wb，求线圈两端产生的感应电动势是多大？

**解** 线圈磁通量的变化为

$$\Delta \Phi = (1.5 \times 10^{-5} - 0) = 1.5 \times 10^{-5} \text{ Wb}$$

则线圈两端产生的感应电动势为

$$E = n \frac{\Delta \Phi}{\Delta t} = 200 \times \frac{1.5 \times 10^{-5}}{0.2} = 1.5 \times 10^{-2} \text{ V}$$

【巩固练习】

**练 习 5.5**

1．填空题.

（1）产生感应电流的条件是：电路必须是_____，且_____必须发生

变化.

（2）导体切割磁感线运动产生感应电流的方向可用_____判断.

（3）导体回路中感应电动势的大小，跟通过这一电路的_____成正比，这就是_____.

2. 选择题（可能不止一个正确答案）.

（1）如图 5-14 为研究电磁感应现象的实验装置，下列哪种情况电流表指针不会偏转（　　）.

   A. 闭合开关的瞬间

   B. 闭合开关后，电路中电流稳定时

   C. 闭合开关后，移动滑动变阻器的滑片时

   D. 闭合开关后，把线圈 A 从线圈 B 中拉出时

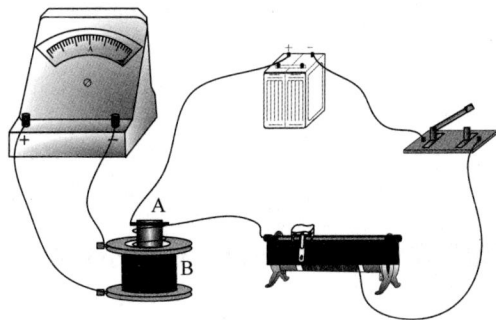

图 5-14

（2）关于感应电动势，下列说法正确的是（　　）.

   A. 穿过闭合电路的磁感强度越大，感应电动势就越大

   B. 穿过闭合电路的磁通量越大，感应电动势就越大

   C. 穿过闭合电路的磁通量的变化量越大，其感应电动势就越大

   D. 穿过闭合电路的磁通量变化得越快，其感应电动势就越大

（3）一个 $N$ 匝的圆线圈，放在磁感应强度为 $B$ 的匀强磁场中，线圈平面跟磁感应强度方向成 30° 角，磁感应强度随时间均匀变化，线圈导线规格不变. 下列方法中可使线圈中感应电流增加一倍的是（　　）.

   A. 将线圈匝数增加一倍　　　　　　B. 将线圈面积增加一倍

   C. 将线圈半径增加一倍　　　　　　D. 适当改变线圈的方向

3. 标明图 5-15 所示图中感应电流的方向.

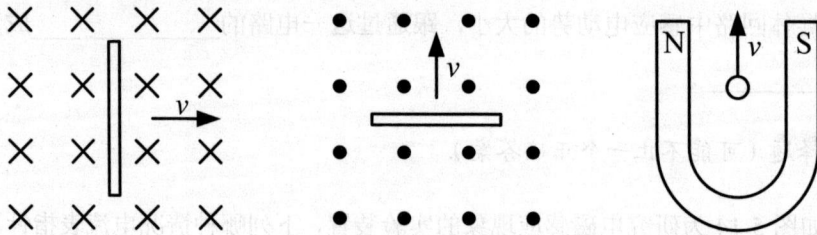

图 5-15

4. 计算题.

（1）匝数为 1 000 的线圈在 1 s 内磁通量由 $0.1×10^{-6}$ Wb 增加到 $0.5×10^{-6}$ Wb，则该线圈两端产生的感应电动势大小是多少？

（2）穿过某线圈的磁通量在 0.1 s 内由 $2×10^{-5}$ Wb 减小到 0，两端产生 0.2 V 电动势，试求线圈匝数.

## 5.6　自感与互感

【重点、难点】

1. 自感

（1）由于导体本身的电流变化而产生的电磁感应现象，叫做**自感现象**. 在自感现象中产生的感应电动势，叫做**自感电动势**.

（2）导体电流增加时，自感电动势阻碍电流的增加，此时自感电动势的方向与原电动势方向相反；导体电流减小时，自感电动势阻碍电流减小，此时自感电动势与原电动势相同.

（3）自感系数由线圈本身的性质决定，与线圈是否通电无关. 它跟线圈的形状、长短、匝数和有无铁芯等因素有关. 在国际单位制中，自感系数的单位是亨利，简称亨，写作 H.

2．互感

（1）由于一个电路中的电流的变化，在另一个电路中产生感应电动势的电磁感应现象称为**互感**.

（2）互感现象中，两个电路中并没有电的联系，而是通过磁的联系把电能从一个电路传送到另一个电路.

## 【典型例题】

**例题** 如图 5-16 所示是测定自感系数很大的线圈 L 的直流电阻的电路，L 两端并联一只电压表，用来测量自感线圈的直流电压，在测量完毕后，拆解电路时应（　　）.

　　A．先断开 $S_1$　　　　　　　　　B．先断开 $S_2$

　　C．先拆除电流表　　　　　　　D．先拆除电压表

**分析** 只要不断开 $S_2$，线圈 L 与电压表就会组成闭合回路，在断开电路干路时，线圈 L 会因此产生感应电流，电流的方向与原方向相同，这时流过电压表时，电流的方向与原来电流方向相反，电压表中的指针将反向转动，损坏电压表，所以必须先拆下电压表，即断开 $S_2$.

**解** 选 B

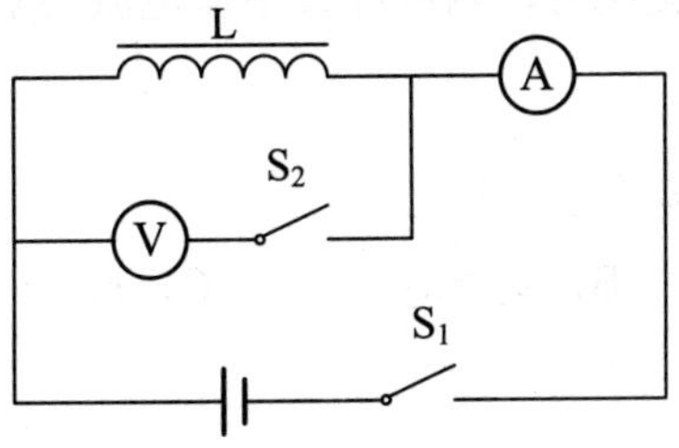

图 5-16

**【巩固练习】**

## 练 习 5.6

1. 填空题.

（1）导体电流增加时，自感电动势_____电流的增加，此时自感电动势的方向与原电动势方向_____；导体电流减小时，自感电动势_____电流的减小，此时自感电动势的方向与原电动势方向_____.

（2）自感系数跟线圈的_____、_____、_____和_____等因素有关. 在国际单位制中，自感系数的单位是_____，写作_____.

（3）由于一个电路中电流的变化，在另一个电路中产生_____的电磁感应现象称为_____.

2. 选择题（可能不止一个正确答案）.

（1）关于线圈自感系数的说法，正确的是（　　）.

  A. 自感电动势越大，自感系数也越大

  B. 把线圈中的铁芯抽出一些，自感系数减小

  C. 把线圈匝数增加一些，自感系数变大

  D. 绕制电感线圈的导线越粗，自感系数越大

（2）在制作精密电阻时，为了消除使用过程中由于电流变化而引起的自感现象，采用双线并绕的方法. 其原因是（　　）.

  A. 当电路中的电流变化时，两股导线产生的自感电动势相互抵消

  B. 当电路中的电流变化时，两股导线产生的感应电流相互抵消

  C. 当电路中的电流变化时，两股导线中原电流的磁通量相互抵消

  D. 以上说法都不对

（3）降压变压器的特点是（　　）.

  A. $n_1 = n_2$    B. $n_1 > n_2$    C. $n_1 < n_2$    D. $U_1 = U_2$

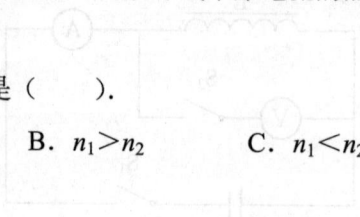

3. 简答题.

（1）简述日光灯的工作原理.

（2）简述变压器的工作原理.

# 本章自我检测题

1. 填空题（每空2分，共30分）.

（1）电场的基本性质是对放入其中的电荷_____.

（2）可以自由转动的小磁针在磁场某一位置静止时，它的_____所指的方向就是该点的_____. 如果磁场中每一点的磁感强度大小相等，方向相同，这种磁场称为_____.

（3）利用磁场产生电流的现象叫做_____，产生的电流叫做_____.

（4）如图5-17所示，在条形磁铁正上方磁铁所在平面内有一矩形线圈，当它从N极端向右移动时，线圈内将_____感应电流；若线圈转过90°使线圈平面垂直纸面，则此过程中线圈中_____感应电流；然后线圈再从N极端向右移动则线圈中_____感应电流.（填"有"或"无"）

（5）由于导体本身的电流变化而产生的电磁感应现象，叫做_____. 在自感现象中产生的感应电动势，叫做_____.

（6）如图5-18所示，当电键K接通后，通过线圈L的电流方向是_____，通过灯泡的电流方向是_____，当电键K断开瞬间，通过线圈L的电流方向是_____，通过灯泡的电流方向是_____.

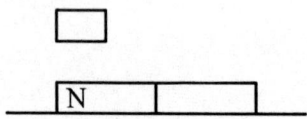

图 5-17

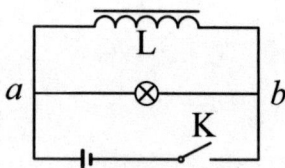

图 5-18

2. 选择题（每小题只有一个正确答案，每小题3分，共18分）.

（1）关于电场，下列说法正确的是（　　）.

    A. 电场是假想的，并不是客观存在的物质

    B. 描述电场的电场线是客观存在的

    C. 电场对放入其中的电荷有力的作用

    D. 电场对放入其中的电荷没有力的作用

（2）关于电势和电势能的说法中正确的是（　　）.

　　A．克服电场力做功时，负电荷的电势能一定减少

　　B．电场中某点的电势数值上等于单位正电荷在电场力的作用下，由该点运动到 0 电势点电场力所做的功

　　C．电场中电势为正值的地方，电荷的电势能必为正值

　　D．正电荷沿电场线移动，其电势能一定增加

（3）关于磁感线的描述，错误的是（　　）.

　　A．磁感线是表示磁场强弱和方向的曲线

　　B．磁感线是闭合的曲线

　　C．任意两条磁感线都不能相交

　　D．自由的小磁针在磁场作用下，将沿磁感线运动

（4）下列说法正确的是（　　）.

　　A．通电导线受安培力大的地方磁感应强度一定大

　　B．磁感线的指向就是磁感应强度减小的方向

　　C．放在匀强磁场中各处的通电导线，受力大小和方向处处相同

　　D．磁感应强度的大小和方向跟放在磁场中的通电导线受力的大小和方向无关

（5）如图 5-19 所示，将一线圈放在一匀强磁场中，线圈平面平行于磁感线，则线圈中有感应电流产生的是（　　）.

　　A．当线圈做平行于磁感线的运动

　　B．当线圈做垂直于磁感线的平行运动

　　C．当线圈绕 M 边转动

　　D．当线圈绕 N 边转动

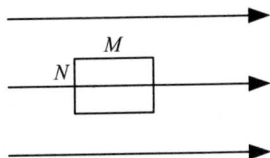

图 5-19

（6）下列关于自感现象的说法中，不正确的是（　　）.

　　A．自感现象是由于导体本身的电流发生变化而产生的电磁感应现象

　　B．线圈中自感电动势的方向总与引起自感的原电流的方向相反

　　C．线圈中自感电动势的大小与穿过线圈的磁通量变化的快慢有关

　　D．加铁芯后线圈的自感系数比没有铁芯时要大

ZHONG ZHI JIAO YU

3. 计算题（共 52 分）.

（1）如图 5-20 所示，A 为带正电 $Q$ 的金属板，沿金属板的垂直平分线，在距板 $r$ 处放一质量为 $m$，电量为 $q$ 的小球，小球受水平向右的电场力偏转 $\theta$ 角而静止，小球用绝缘丝悬挂于 $O$ 点. 试求小球所在处的电场强度.

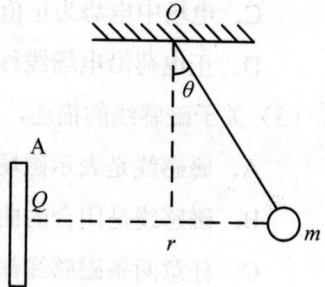

**图 5-20**

（2）有一个带电量 $q = -2 \times 10^{-6}$ C 的点电荷，从某电场中的 $A$ 点移到 $B$ 点，电荷克服电场力做 $6 \times 10^{-4}$ J 的功，从 $B$ 点移到 $C$ 点，电场力对电荷做 $8 \times 10^{-4}$ J 的功，求 $A$，$C$ 两点间的电势差，并说明 $A$，$C$ 两点哪点的电势高.

（3）把一个面积为 $20$ cm$^2$ 的单匝矩形线圈放入磁场中，获得的磁通量为 $1 \times 10^{-4}$ Wb，则该处的磁感强度是多少？

（4）与磁感强度为 0.2 T 的磁场相互垂直的一段通电直导线，其通入电流为 5 A，导线长度为 10 cm，则该导线所受安培力为多少？

（5）某线圈匝数为 500 匝，将磁铁的一级在 0.1 s 内插入螺线管，在这段时间内线圈的磁通量增加了 $1.5 \times 10^{-5}$ Wb，则螺线管两端产生的感应电动势为多少？若线圈的电阻为 2.5 Ω，则感应电流为多少？

# 第6章 光现象及应用

## 6.1 光的全反射

### 【重点、难点】

1．光的直线传播

（1）能够自行发光的物体叫做**光源**.

（2）光在真空或同一均匀介质中是沿直线传播的.

（3）光在真空中的传播速度约为 30 万千米/秒，用 $c$ 表示，即

$$c = 3.00 \times 10^8 \text{ m/s}$$

2．光的折射

（1）光从一种介质进入另一种介质时，会发生方向上的变化，光的这种方向变化叫做**光的折射**.

（2）光在真空中的速度 $c$ 和在介质中的速度 $v$ 之比叫做**折射率**，用 $n$ 来表示，即

$$n = \frac{c}{v}$$

（3）入射角 $i$ 的正弦与折射角 $r$ 的正弦之比，叫做这种介质的**折射率**，即

$$n = \frac{\sin i}{\sin r} = \frac{c}{v}$$

（4）折射现象中，光路是可逆的，即如果让光线逆着原来的折射光线射到界面上，光线就会逆着原来的入射光线发生折射，光传播的路径不变.

3．光的反射

（1）光从一种介质射入另一种介质的表面时，有部分光返回原介质的传播现象叫做**光的反射**.

（2）当光从光密介质射向光疏介质，并且入射角大于某一角度时，折射光线完全消失，只剩下反射光，这种现象叫做**全反射现象**.

（3）折射角等于90°，即刚好发生全反射时的入射角叫做**临界角**，用$C$表示．不同的介质，由于折射率不同，其临界角也不同，根据折射定律，可得

$$\sin C = \frac{1}{n}$$

（4）用光密介质制成来传到光信号的纤维状装置，即光导纤维，就是利用了全反射的原理．

## 【典型例题】

**例题** 1  下列现象中不属于光的折射现象的是（　　　　）．

A．站在清澈的湖边，看到湖底好像变浅了

B．潜水员站在水下看岸上的景物比实际的高

C．人在河边可以看到水底的物体

D．平静的湖面上清晰地映出岸上的物体

**分析**  选项 A，B 均是光发生了折射现象形成的，选项 C 是水底的物体射出的光在水中传播射向水面再折射入空气中进入人的眼睛，也是光的折射现象，选项 D 属于平面镜成像．

**解**  D

**例题** 2  如图 6-1 所示，介质 A 为空气，介质 B 的折射率为$\sqrt{2}$，下列说法正确的是（　　　）．

A．光线$a$，$b$ 均不能发生全发射

B．光线$a$，$b$ 均能发生全发射

C．光线$a$ 发生全反射，光线$b$ 不发生全反射

D．光线$a$ 不发生全反射，光线$b$ 发生全发射

**分析**  光线由光密介质射入光疏介质才会发生全反射，因此只有光线$a$ 才可能发生全反射．介质 B 的临界角为

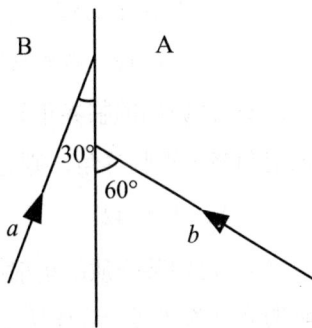

图 6-1

$$\sin C = \frac{1}{n} = \frac{1}{\sqrt{2}}$$

$$C = 45°$$

由于光线$a$ 与界面的夹角为30°，小于临界角，因此可以发生全反射．

**解**  C

【巩固练习】

## 练 习 6.1

1. 填空题.

（1）光在真空中的速度是_____，光在其他介质中的传播速度比在真空中的传播速度_____.

（2）当光从光疏介质射入光密介质时，折射角_____（填"大于"、"小于"或"等于"）入射角；光从光密介质射入光疏介质时，折射角_____（填"大于"；"小于"或"等于"）入射角.

（3）光由空气以 45° 的入射角射向介质时，折射角是 30°，则光由介质射向空气的临界角是_____.

2. 选择题.

（1）下述现象不是由于全反射造成的是（    ）.

    A．站在清澈的湖边，看到湖底好像变浅了

    B．口渴的沙漠旅行者，往往会看到前方有一潭晶莹的池水，当他们喜出望外地奔向池水时，池水却总是可望而不可及

    C．用光导纤维传输光信号、图像信号

    D．在盛水的玻璃杯中放一空试管，用灯光照亮玻璃杯侧面，在水面上观察水中的试管，看到试管壁特别明亮

（2）某玻璃的临界角为 42°，当在玻璃中的某一光线射到玻璃与空气的分界面时，若入射角略小于临界角，则光线在空气中的折射角应为（    ）.

    A．小于 42°        B．小于 60°        C．小于 90°        D．无折射光线

（3）已知某介质的折射率为 $\sqrt{2}$，一束光从该介质射入空气时的入射角为 60°，其正确的光路图如哪一幅图所示（    ）.

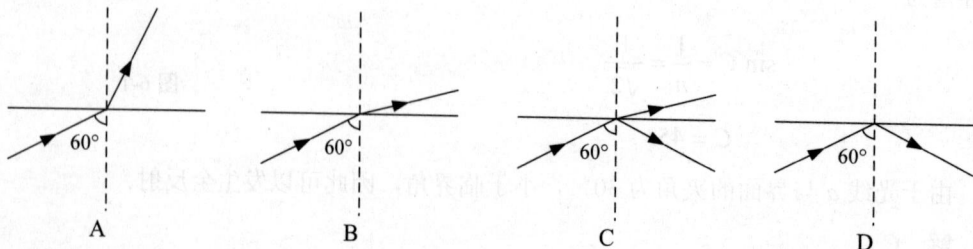

    A                B                C                D

（4）光导纤维是由内芯和外套组成，下列说法正确的（　　）.

    A．内芯和外套折射率相同，折射率都大

    B．内芯和外套折射率相同，折射率都小

    C．内芯和外套折射率不同，包层折射率较大

    D．内芯和外套折射率不同，包层折射率较小

3．计算题.

（1）有人在河面上游泳，看见河底有一物体，与他的眼睛处于同一竖直线上，当他再前进 4 m 时，物体忽然不见了．水的折射率为 $\dfrac{4}{3}$，则河深为多少？

（2）一束单色光由左侧射入盛有清水的薄壁圆柱形玻璃杯，如图 6-2 所示，调整入射角 $\alpha$，使光线恰好在水和空气的分界面上发生全反射，已知水的折射率为 $\dfrac{4}{3}$，求 $\sin \alpha$ 的值.

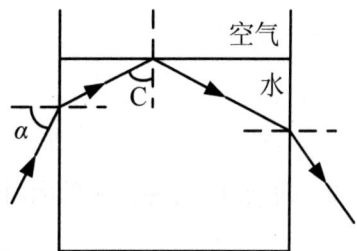

图 6-2

## 6.2　激光的特性及应用

### 【重点、难点】

1．激光

（1）激光就是由受激辐射产生的．原子发生受激辐射时，发出的光子与引起受激辐射的光子完全一样，若这些光子在介质传播时再引起其他原子发生受激辐射，就会产生越来越多相同的光子，使光得到加强，这就是激光．

（2）激光的特性：方向性好，亮度高，单色性好，相干性高．

2．激光的应用：激光通信，激光照相排版，激光手术，激光打孔，激光焊接，激光武器，全息照相．

### 【巩固练习】

### 练 习 6.2

1．简述激光的特性．

2．简述激光在生产中的应用．

3．查阅资料，了解一些激光在科技上的应用．

# 本章自我检测题

1. 填空题（每空3分，共45分）.

（1）发生全反射的两个条件是：_____ 和_____.

（2）光疏介质和光密介质是_____ 的，例如空气、水和金刚石3种物质相比较，水对空气来说是_____，对金刚石来说则是_____.

（3）发生折射的原因是光在不同介质中的_____ 不同.

（4）光导纤维是利用_____ 的原理制成的.

（5）激光就是由_____ 产生的，具有_____、_____、_____ 和_____ 的特性.

（6）在兴修水利、修建铁路需要挖掘长距离隧道时，经常利用激光_____ 的优点使用激光来导向；激光打孔则是利用激光_____ 的特性，激光传递信息则是利用激光_____ 的特性.

2. 选择题（每小题只有一个正确答案，每小题3分，共21分）.

（1）一束光线从空气中斜射向水面时，会发生（ ）.

　　A. 只发生折射现象，折射角小于入射角

　　B. 只发生折射现象，折射角大于入射角

　　C. 同时发生反射和折射现象，折射角小于入射角

　　D. 同时发生反射和折射现象，折射角大于入射角

（2）光在某种介质中的传播速度为 $1.5 \times 10^8$ m/s，那么，光从此介质射向空气并发生全反射的临界角为（ ）.

　　A. 60°　　　　　B. 75°　　　　　C. 30°　　　　　D. 45°

（3）光线在玻璃和空气的分界面上发生全反射的条件是（ ）.

　　A. 光从玻璃射到分界面上，入射角足够小

　　B. 光从玻璃射到分界面上，入射角足够大

　　C. 光从空气射到分界面上，入射角足够小

　　D. 光从空气射到分界面上，入射角足够大

（4）已知水、水晶、玻璃和二硫化碳的折射率分别是 1.33，1.55，1.50 和 1.63．下

列情况中可能发生全发射的为（　　）.

    A．从水晶射向玻璃　　　　　　B．从水射向二硫化碳

    C．从水射入玻璃　　　　　　　D．从水射入水晶

（5）某玻璃的临界角为42°，当在玻璃中的某一光线射到玻璃与空气的分界面时，若入射角略小于临界角，则光线在空气中的折射角应为（　　）.

    A．小于42°　　　　　　　　　B．小于60°

    C．小于90°　　　　　　　　　D．无折射光线

（6）下列没有利用激光的是（　　）.

    A．激光通信设备　　　　　　　B．激光照排机

    C．全息照相　　　　　　　　　D．家用微波炉

（7）空气中两条光线a和b从方框左侧入射，分别从方框上方和下方射出，其框外光线如图6-3所示. 方框内有两个折射率 $n=1.5$ 的玻璃全反射棱镜. 下列棱镜的放置方式正确的是（　　）.

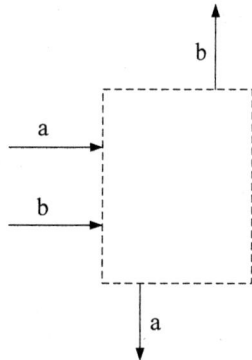

图6-3

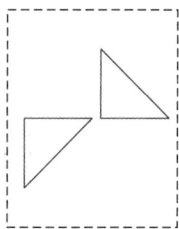 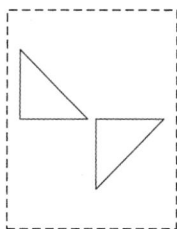 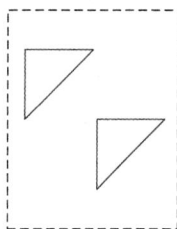 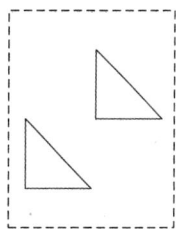

   A         B         C         D

3．计算题（共34分）.

（1）一束光线由空气射入某种介质，如图6-4所示，在界面上发生反射和折射，已知入射角为60°，反射光线与折射光线成90°，求介质的折射率.

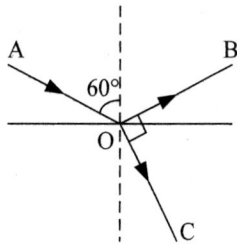

图6-4

（2）若玻璃的折射率为 1.52，水的折射率为 1.33，求光在玻璃和水中的传播速度分别为多少？

# 第7章　核能及应用

## 7.1　原子结构

【重点、难点】

1．原子结构

（1）汤姆生枣糕原子结构模型：原子是一个球体，正电荷均匀地分布在整个球内，就像枣糕里面的枣一样．

（2）卢瑟福原子的核式结构模型：原子中的绝大部分空间是空的，原子的几乎全部重量都集中在原子的中心，即原子核．原子核的直径大约是原子直径的十万分之一．原子中的全部正电荷都在原子核中，带负电的电子在核外空间绕着原子核旋转．

2．原子核的组成

质子和中子统称为**核子**．质子与中子、质子与质子以及质子与中子之间以一种强大的核力结合在一起．质子带正电，中子不带电；质子和中子的质量几乎相等，而原子核的质量近似等于质子和中子的质量之和；原子核内的质子数等于核外电子数．

3．天然放射现象

（1）元素的这种自发地放出射线的现象叫做天然放射现象．具有放射性的元素叫做放射性元素．

（2）对放射性元素发出的射线进行研究，发现它们在垂直穿过磁场时分为 3 束，人们把这 3 束射线分别叫做 $\alpha$ 射线、$\beta$ 射线和 $\gamma$ 射线．

$\alpha$ 射线是由氦原子核组成的粒子流，其速度为光速的十分之一，贯穿物质的本领很小，用一张纸就可以挡住．但是它具有很强的电离作用，很容易使空气电离，也容易使底片感光．

$\beta$ 射线是高速电子流，速度接近光速，贯穿能力较强，能穿透几毫米的铝板，但是电离能力较弱．

$\gamma$ 射线是波长极短的电磁波，即光子，贯穿能力最强，能穿透几厘米厚的铅板或几十厘米厚的混凝土墙，但是其电离能力最弱.

4．放射性物质的影响

在自然界，辐射无处不在，岩石、泥土、水和空气中到处都有. 人在接受微量的辐射时并不会受到损伤，只有大剂量和长时间的辐射会造成伤害.

## 【典型例题】

例题　下面有关放射线的说法中，错误的是（　　）.

A．$\alpha$ 射线是 $\alpha$ 粒子流，而 $\alpha$ 是粒子就是氦核

B．$\beta$ 射线就是高速的电子流

C．$\gamma$ 射线是波长很长的电磁波

D．放射线的贯穿力 $\gamma$ 射线最强，$\alpha$ 射线最弱

分析　$\gamma$ 射线是波长很短的电磁波，即光子，因此 C 错误.

解　C

## 【巩固练习】

### 练 习 7.1

1．填空题.

（1）原子核由_____和_____组成. _____带正电荷，电量跟_____所带负电荷电量相等；_____不带电，质量跟_____几乎相等.

（2）天然的放射性元素中主要有_____、_____和_____等. 它们能自发放射出_____、_____和_____3 种能穿透物质的射线.

2．选择题.

（1）首先提出原子结构模型并开始涉及原子内部结构的科学家是（　　）.

A．卢瑟福　　　B．查德威克　　　C．汤姆生　　　D．居里夫人

（2）构成原子的微粒是（　　）.

　　A．中子和质子　　B．原子核和电子　　C．中子和电子　　D．原子核和质子

（3）放射性物质放出的射线中，在磁场里不发生偏转的是（　　）.

　　A．$\alpha$射线　　　　B．$\beta$射线　　　　　C．$\gamma$射线　　　　D．都不发生偏转

（4）关于$\alpha$，$\beta$，$\gamma$射线穿透本领的判断正确的是（　　）.

　　A．$\alpha$射线最强　　B．$\beta$射线最强　　　C．$\gamma$射线最强　　D．一样强

3．简答题.

（1）简述放射线具有哪些性质.

（2）简述放射性物质的防护.

# 7.2　核能与核技术

## 【重点、难点】

1．核能

（1）由于核子之间存在着核力，所以原子核分裂成核子或者核子结合成原子核都伴

随着巨大的能量变化，这种能量称为**核能**，又称**原子能**.

（2）$E = mc^2$ 是著名的爱因斯坦质能方程，式中 $c$ 表示光速. 根据质能方程，物体的能量跟它的质量成正比. 物体的质量增大，其能量也增大；物体的质量减小，其能量也减小.

（3）在核反应中，反应前所有的核子的质量之和与反应后新核的质量之差叫做**质量亏损**.

2．重核裂变

（1）重原子核分裂成两个中等质量原子核的过程叫做**裂变**.

（2）一般情况下，铀核裂变时总要释放出 2～3 个中子，这些中子又会引起其他铀核的裂变，这样裂变反应就会不断地进行下去，释放出越来越多的能量，这就是链式反应.

3．轻核聚变

（1）某些较轻的两个原子核结合成一个较重的原子核时，能释放出更多的能量，这种现象称为**聚变**.

（2）当物质达到 1 000 万摄氏度以上的高温时，剧烈的热运动使得一部分原子核具有足够的动能，可以克服它们之间的作用力，在相互碰撞时发生聚变，因此，聚变反应又叫做**热核反应**.

（3）氢弹是利用原子弹爆炸产生的高温来引起热核反应的，其威力往往相当于数个原子弹.

【典型例题】

例题 1　在核反应堆中采用控制棒来控制核裂变反应的速度，关于控制棒的作用，下列说法中正确的是（　　）.

　　A．使中子运动的速度减慢　　　　　B．使中子运动的速度增加

　　C．放出中子使中子的数目增加　　　D．吸收中子使中子的数目减少

**分析**　控制棒既不能改变中子的运动速度，也不能放出中子使中子数目增加. 核反应速度由参与反应的中子数目决定，控制棒通过插入的深度来调节中子的数目以控制链式反应的速度. 因此，D 正确.

**解**　D

## 【巩固练习】

### 练习 7.2

1. 填空题.

（1）用中子轰击铀核，铀核在发生＿＿＿＿＿的过程中同时放出 2～3 个＿＿＿＿＿，放出的＿＿＿＿＿又轰击其他铀核，这样不断地自行继续下去的现象叫做＿＿＿＿＿.

（2）由于＿＿＿＿＿的结构发生变化而释放出的巨大的能量叫做核能；获得核能的两种方式是＿＿＿＿＿和＿＿＿＿＿；核电站就是利用＿＿＿＿＿提供能量发电的. 原子弹根据＿＿＿＿＿原理制造的；氢弹又是根据＿＿＿＿＿原理制造.

2. 选择题.

（1）用中子轰击铀 235 的铀核，能分裂成一个氪 92 的氪核和一个钡 142 的钡核. 这种现象叫做（　　　）.

    A．分解　　　　　　B．升华　　　　　　C．裂变　　　　　　D．聚变

（2）关于核能的下列说法中，不正确的是（　　　）.

    A．核电站是利用原子核裂变的链式反应的能量来发电的

    B．如果对裂变的链式反应不加控制，在极短时间内会放出巨大能量，发生爆炸

    C．氢弹是利用轻核聚变制成的核武器

    D．原子弹是利用轻核聚变或重核裂变制成的核武器

（3）目前已建成的核电站都是利用（　　　）.

    A．物质的氧化反应产生的能量来发电

    B．物质的还原反应产生的能量来发电

    C．核裂变的链式反应产生的能量来发电

    D．核聚变的链式反应产生的能量来发电

（4）下列有关目前核反应堆的说法中正确的是（　　　）.

    A．核反应堆是进行聚变而获得核能的一种装置

    B．核反应堆是进行裂变，且不加控制而获得核能的一种装置

    C．核反应堆是控制重核裂变速度，使核能缓慢地平稳地释放出来的装置

    D．核反应堆是控制轻核聚变速度，使核能缓慢地平稳地释放出来的装置

3. 简答题.

（1）什么是链式反应？

（2）简述核能发电的优点.

# 本章自我检测题

1. 填空题（每空 3 分，共 42 分）.

（1）原子由_____、_____和_____ 3 种粒子组成，_____带正电，_____带负电，_____不带电.

（2）在核电站中发生的链式反应是_____，在原子弹爆炸时发生的链式反应是_____.

（3）质量较_____的原子核，在超高温的情况下结合成新的原子核，释放出巨大的核能，这就是_____，也称为_____.

（4）核电站的核心是_____，它是以铀为核燃料，放出的核能转化为高温高压蒸汽的_____，再通过汽轮机转化为_____.

2. 选择题（每小题只有一个正确答案，每小题 3 分，共 21 分）.

（1）关于质子和中子的说法正确的是（　　）.

    A．质子带正电，中子带负电　　　B．质子不带电，中子带负电

    C．质子带正电，中子不带电　　　D．质子、中子都带正电

（2）下列有关原子核的说法中错误的是（　　）.

    A．原子核是由带正电的质子和带负电的电子组成的

    B．原子核是由带正电的质子和不带电的中子组成的

    C．原子核内没有电子

    D．原子核内发生某种核反应时会产生电子

（3）太阳每天能释放大量的核能，是由于太阳内部（　　）.

    A．进行着大规模的聚变

    B．进行着不能控制的链式反应

    C．进行着剧烈的化学反应

    D．具有大量的热能

（4）下列有关说法正确的是（　　）.

    A．核能的释放主要是通过重核裂变和轻核聚变

    B．核反应是不能控制的

  C. 放射性射线能用于治疗肿瘤，因此对人体无害

  D. 太阳能来源于太阳内部的重核裂变

（5）关于核能，下列说法正确的是（    ）.

  A. 原子核很小，因此其中不可能存在大量的能量

  B. 人们现在能够利用可控核聚变的能量

  C. 对于核裂变的链式反应，人们还不能控制

  D. 无论是较大的原子核受激分裂，还是较小的原子核的结合，其中都会伴随着巨大的能量变化

（6）关于铀核裂变，下列说法正确的是（    ）.

  A. 铀核裂变的产物是多种多样的，但只能裂变为两部分

  B. 铀核裂变时能同时产生 2～3 个中子

  C. 铀核裂变无法控制

  D. 铀块的体积对产生链式反应无影响

（7）热核反应是一种理想能源的原因，描述不正确的是（    ）.

  A. 就单位质量来说，热核反应比重核裂变时释放的能量多

  B. 对环境的放射性污染较裂变轻，且较容易处理

  C. 热核反应的核原料在地球上储量丰富

  D. 热核反应的实现与约束控制较容易

3. 简答题（共 37 分）.

（1）简述重核裂变和轻核聚变.

（2）简述核电站的工作原理.

# 综合训练

1. 填空题（每题 2 分，共 30 分）.

（1）小刚骑车先向东行驶了 1 500 m，又向西行驶了 2 000 m，则小刚通过的路程是_____m，位移是_____m.

（2）力是物体间的_____. 力既有_____又有_____.

（3）一颗在 300 m 高空飞行的子弹，质量为 10 g，运动速度为 800 m/s. 若以地面为参考平面，它具有的重力势能为_____，其动能为_____.

（4）气缸中的气体膨胀时推动活塞向外运动，若气体对活塞做的功是 $6 \times 10^4$ J，气体的内能减少了 $8 \times 10^4$ J，则在此过程中气体_____（填"吸收"或"放出"）了_____J 的热量.

（5）电路中有一段导体，给它加 20 V 的电压时，通过它的电流为 5 A，则这段导体的电阻是_____，如给它加 50 V 的电压时，其电阻为_____.

（6）光在真空中的速度是_____m/s，光在其他介质中的速度比在真空中的速度_____.

（7）获得核能的两种方法是_____和_____.

2. 选择题（每题只有一个正确答案）.

（1）5 N 和 7 N 的两个力的合力不可能是（　　）.

　　A. 3 N 　　　　B. 2.5 N 　　　　C. 10 N 　　　　D. 13 N

（2）下列说法表示时间的是（　　）.

　　A. 上午 8：00 　　　　　　　B. 晚自修 6：30 开始

　　C. 第 3 s 末 　　　　　　　D. 第 6 s 内

（3）某人从梯子底端走到梯子顶端，第一次用了 40 s，第二次用了 1 min，他两次克服重力做的（　　）.

　　A. 功相同，功率相同　　　　B. 功不同，功率不同

　　C. 功相同，功率不同　　　　D. 功不同，功率相同

（4）从同一地点同时抛出几个质量均为 $m$ 的物体，若它们的初动能相等，初速度不同，下列说法正确的是（不计空气阻力）（　　）.

　　A．到达最高点时势能相等　　　　　B．到达最高点时动能相等

　　C．到达最高点时机械能相等　　　　D．在同一时刻动能一定相等

（5）下面的叙述中正确的是（　　）.

　　A．物体的温度升高，物体中分子热运动加剧，所有分子的热运动动能都会增大

　　B．对气体加热，气体的内能一定增大

　　C．物体内部分子间吸引力随着分子间距离增大而减小，排斥力随着分子间距离增大而增大

　　D．布朗运动是液体分子对悬浮颗粒碰撞作用不平衡而造成的

（6）在电场中，一个电子只在电场力的作用下由静止沿一条直线 $M$ 点运动到 $N$ 点，且受到的力越来越小，则下列说法正确的是（　　）.

　　A．$M$ 点的电势高于 $N$ 点的电势

　　B．$M$ 点的电场强度一定小于 $N$ 点的电场强度

　　C．$M$ 点的电势可能与 $N$ 点的电势相同

　　D．$M$ 点的电场方向与 $N$ 点的电场方向相同

（7）关于磁场和磁感线的描述，正确的说法是（　　）.

　　A．磁感线从磁体的 N 极出发，终止于 S 极

　　B．磁场的方向就是通电导体在磁场中某点受磁场作用力的方向

　　C．沿磁感线方向，磁场逐渐减弱

　　D．在磁场强的地方同一通电导体受的安培力可能比在磁场弱的地方受的安培力小

（8）下列做法中，能够得到感应电流的是（　　）.

　　A．导体在磁场中做切割磁感线的运动

　　B．闭合电路一部分导体在磁场中运动

　　C．闭合电路的一部分导体在磁场中做切割磁感线的运动

　　D．导体的一部分在磁场中做切割磁感线的运动

（9）网络上光纤上网的速度要比双绞线连接上网快得多，光纤上网中的"光纤通信"就是利用了（　　）.

　　A．光的折射　　　　B．全反射　　　　C．光的直射　　　　D．光的衍射

（10）下列说法不正确的是（　　）．

A．原子核在分裂或聚合时释放出的能量叫做核能

B．用中子轰击比较大的原子核，可以使其发生裂变而获取核能

C．核电站力的链式反应是可以控制的

D．氢弹发生爆炸时的热核反应是可以控制的

3．判断题．

（1）静止的物体没有惯性．　　　　　　　　　　　　　　　　　（　　）

（2）在地平线以下的物体重力势能一定为负值．　　　　　　　　（　　）

（3）导体的长度和横截面积都增大一倍，其电阻值不变．　　　　（　　）

（4）若在某区域内通电导线不受力的作用，则该区域的磁感强度为 0．（　　）

（5）全反射是发生在两种介质的界面上的．　　　　　　　　　　（　　）

4．计算题．

（1）设飞机着陆后匀减速滑行．它滑行的速度是 60 m/s，加速度的大小是 3 m/s，飞机着陆后要滑行多远才能停下来？

（2）质量为 2 g 的子弹，以 300 m/s 的初速度水平射入厚度为 5 cm 的木板，射穿后的速度为 100 m/s．子弹在射穿木板的过程中所受的平均阻力是多少？

（3）一只"220 V　100 W"的灯泡，接在照明电路中，则

① 正常发光时，通过灯泡的电流多少（计算结果保留两位小数）？

② 正常发光时，通电 1 min 灯泡消耗的电能是多少？

③ 若用输电线把该灯泡由电源处引到某工地时，发现灯泡亮度较暗，测得灯泡实际功率只有 81 W，则输电线上消耗的功率多大（电源电压为 220 V）？

（4）把长 10 cm 的直导线放入匀强磁场中，使导线和磁场垂直. 导线中的电流为 5 A，受到的磁场力为 0.5 N. 求该匀强磁场的磁感应强度.

# 参考答案

## 第 1 章　运动与力

### 【巩固练习】

#### 练 习　1.1

1. 填空题.

（1）车；电梯；　　　（2）6；2；4；　　　（3）7.5；20；15.

2. 选择题.

（1）B；D；　　　（2）D；　　　（3）B；D；　　　（4）A.

3. 实验题.

（1）A；B；　　　（2）1.880；23.20.

4. 计算题.

（1）10.44 m/s；10.42 m/s；　　　（2）40，$\dfrac{1}{5}$.

#### 练 习　1.2

1. 填空题.

（1）匀变速直线运动；（2）速度的改变量与发生此改变所用时间的比值；

（3）0；匀变速直线运动.

2. 选择题.

（1）C；　　　（2）A；　　　（3）C；　　　（4）A.

3. 实验题.

（1）ACD；　　　（2）0.25；0.45.

4. 计算题.

（1）0.5 m/s$^2$；22 m/s；0；　　　（2）43.2 km/h；违章；　　　（3）4.05 m.

练 习 1.3

1．填空题.

（1）大小；方向；作用点； （2）正；质量；9.8； （3）486； （4）0.

2．选择题.

（1）A； （2）B； （3）B； （4）D.

3．作图题.

略.

4．计算题.

（1）600 kg； （2）① 静摩擦力；7 N；水平向右 ② 静摩擦力；6 N；水平向左
③ 滑动摩擦力；8 N；水平向右.

练 习 1.4

1．填空题.

（1）15 N；0 N； （2）邻边；这两个邻边的对角线.

2．选择题.

（1）D； （2）D； （3）AC； （4）A.

3．作图题.

略.

4．计算题.

（1）$200\sqrt{3}$； （2）100 N；$100\sqrt{3}$ N.

练 习 1.5

1．填空题.

（1）力；改变； （2）到达目标上方前；惯性； （3）4：10：25.

2．选择题.

（1）C； （2）C； （3）D； （4）B； （5）D.

3．计算题.

（1）2 N；4 m/s²； （2）120 N；15 kg； （3）$\dfrac{4}{3}mg$ .

【自我检测题】

### 第1章自测题

1. 填空题.

（1）重力；　（2）980；竖直向上；　（3）不变；　（4）汽车有惯性；摩擦力的作用；

（5）等于；大于；　　　　（6）$\frac{1}{2}(F_1 + F_2)$；　　（7）$m$ 远小于 $M$；0.46.

2. 选择题.

（1）A；　（2）B；　（3）B；　（4）D；　（5）A；　（6）A.

3. 计算题.

（1）260 s；　（2）10.5 m/s；9.5 m/s；　（3）30 m；　（4）3 : 2；　（5）$5.3 \times 10^4$ N.

# 第2章　机械能

【巩固练习】

### 练习　2.1

1. 填空题.

（1）作用在物体上的力；物体在力的方向上通过的距离；　（2）600；3 000；3 600；

（3）做功快慢；$2 \times 10^7$.

2. 选择题.

（1）D；　（2）A；　（3）C；　（4）D.

3. 计算题.

（1）16 J；$-16$ J；0；　（2）1000 J；200 W；0；

（3）15.34 m/s；$6.14 \times 10^6$ J；$3.07 \times 10^4$ W.

### 练习　2.2

1. 填空题.

（1）力；　（2）100 J；100 J；　（3）9 : 7.

2. 选择题.

（1）B；　　　　（2）C；　　　　（3）B.

3. 计算题.

（1）$1 \times 10^5$ J；$-1 \times 10^5$ J；$1 \times 10^5$ J；　　（2）加速度逐渐减小的加速运动，最后匀速；

$1.5 \times 10^6$ W；$7.5 \times 10^4$ N；　　　　（3）8 J；24 J.

## 练 习 2.3

1. 填空题.

（1）500 J；500 J；500 J；500 J；　　（2）负；增加；负；增加；　　（3）60 J.

2. 选择题.

（1）B；　　（2）BD；　　（3）B；　　（4）B.

3. 计算题.

（1）0.54 J；重力势能减少了 0.54 J；　　（2）17.3 m/s；

（3）504 J；同一个人在地球上与在月球上所做的功是一定的，由于 $G$ 减小，$h$ 要增加，所以他在月球上所跳的高度要高些.

## 【自我检测题】

### 第 2 章自测题

1. 填空题.

（1）瓦特；千瓦；　　（2）3 000 J；1 500 W；0；600 W；　　（3）$\dfrac{Mg(H+h)}{h}$；

（4）1 : 2；　　（5）5 : 1；5 : 1；　　（6）减小；增大.

2. 选择题.

（1）B；　　（2）A；　　（3）B；　　（4）C；　　（5）C；　　（6）D.

3. 计算题.

（1）3 km；$4.8 \times 10^3$ J；　　（2）15 m/s；7.5 s；0.5 m/s²；　　（3）3.6 N；

（4）5 m；2.5 m；　　（5）15 N；　　（6）10.8 m/s；30.6 m.

# 第3章　热现象及应用

## 【巩固练习】

### 练　习　3.1

1. 填空题.

（1）引力；斥力；分子永不停息地做无规则热运动；减小；分子间有间隙；

（2）分子在永不停息地做无规则热运动；温度越高，分子做无规则热运动速度越快；

（3）减少；增大；不变；

（4）做功；热传递.

2. 选择题.

（1）D；　　　（2）B；　　　（3）A；　　　（4）C.

3. 问答题.

略.

### 练　习　3.2

1. 填空题.

（1）$\Delta E = Q + W$；　　（2）690 J；　　（3）升高；冰箱消耗的电能也转化为热力学能.

2. 选择题.

（1）A；　　　　　（2）D；　　　（3）AC.

3. 计算题.

（1）$5 \times 10^4$ J；　　　（2）吸收；$4.8 \times 10^5$ J.

## 【自我检测题】

### 第 3 章自测题

1. 填空题.

（1）炒菜；高；无规则运动更剧烈；

（2）所有分子；无规则；分子势能；无规则；引力；斥力；内能；

（3）扩散；　（4）吸收；$2 \times 10^4$ J；

（5）改变物体内能；其他形式能与热力学能之间；转化；热力学能之间；转移；

（6）机械能；热力学能.

2．选择题.

（1）B；　　（2）B；　　（3）B；　　（4）C；　　（5）B.

3．

（1）电能转化为内能；　　（2）机械能转化为内能；　　（3）内能转移；

（4）太阳能转化为电能；　　（5）机械能转移.

4．问答题.

略.

# 第4章　直流电路

## 【巩固练习】

### 练习　4.1

1．填空题.

（1）两端的电压；电阻；部分电路欧姆定律；$I = \dfrac{U}{R}$；$U$；V；$R$；$\Omega$；$I$；A；

（2）3.5 V；　（3）$\Omega \cdot$ m；材料；温度.

2．选择题.

（1）D；　　（2）B；　　（3）C；　　（4）D.

3．计算题.

（1）1.8 A；

（2）第 2 根保险丝中的实际电流是第 1 根中的 4 倍，而额定电流只是

第 1 根的 3 倍，所以不能这样来使用；　　（3）$s_1 \sqrt{\dfrac{\rho_2}{\rho_1}}$.

练 习 4.2

1. 填空题.

(1) 大；小；$nR$；　　(2) 15 Ω；1 A；10 V；　　(3) 1.6 A；6 V.

2. 选择题.

(1) C；　　(2) C；　　(3) C；　　(4) D.

3. 计算题.

(1) ① 5 Ω；② 见图；　　(2) 并联一个 0.02 Ω 的电阻；1 A；0.018 Ω.

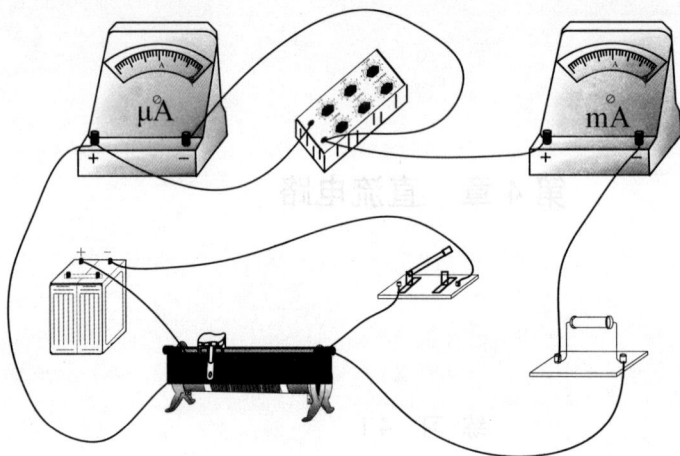

练 习 4.3

1. 填空题.

(1) 小于；0.2；　　(2) 电功；25；　　(3) 900；200；　　(4) 电流；通电时间.

2. 选择题.

(1) B；　　(2) D；　　(3) B.

3. 计算题.

(1) 1.1 A；2400 J；　　(2) 968 W；25~968 W；　　(3) 6 480 J.

练 习 4.4

1. 填空题.

(1) 1.84；9；　　(2) 3 : 2；　　(3) 2.0 V.

2．选择题．

（1）C； 　　　　（2）BD； 　　　　（3）D．

3．计算题．

（1）3 V；1 Ω； 　　（2）6 V；1 Ω．

练　习　4.5

略．

## 【自我检测题】

第 4 章自测题

1．填空题．

（1）2； 　　（2）温度；变为 0； 　　（3）并；5 Ω；并；$2.99×10^5$ Ω；

（4）9 J；10 Ω； 　　（5）40； 　　（6）其他形式的能；电能；

（7）0.6 A；0.12 V；2.88 V．

2．选择题．

（1）B； 　（2）D； 　（3）D； 　（4）D； 　（5）C； 　（6）C

3．计算题．

（1）$4.9×10^{-5}$ Ω； 　　（2）串联 $R = 36$ Ω的电阻；

（3）0.5 A；440 Ω；$6.6×10^4$ J； 　　（4）110 W； 　　（5）4 V；10 Ω．

# 第 5 章　电场与磁场　电磁感应

## 【巩固练习】

练　习　5.1

1．填空题．

（1）正电荷；负电荷；同种电荷互相排斥，异种电荷互相吸引；

（2）电场力；该点所带的电荷量； 　　（3）带正电；$\dfrac{\sqrt{3}mg}{E}$；直线；20 m/s$^2$

2. 选择题.

（1）D；　　　（2）C；　　　（3）D；　　　（4）AD.

3. 计算题.

（1）① $2.1 \times 10^3$ N/C；方向竖直向上；② $1.26 \times 10^{-6}$ N；$2.1 \times 10^3$ N/C；

（2）① $\dfrac{\sqrt{2}mg}{2q}$；方向垂直于 $v$ 斜向上.

## 练　习　5.2

1. 填空题.

（1）零势能点；大地；无限远处；　　（2）电势能；电荷量；

（3）增加；$4 \times 10^{-8}$ J.

2. 选择题.

（1）A；　　　（2）D；　　　（3）A.

3. 计算题.

（1）① $6 \times 10^{-4}$ J；$-3 \times 10^{-4}$ J；$3 \times 10^{-4}$ J；② $-6 \times 10^{-4}$ J；$-9 \times 10^{-4}$ J；$3 \times 10^{-4}$ J；

（2）① $1.2 \times 10^3$ V/m；② 48 V.

## 练　习　5.3

1. 填空题.

（1）磁力；磁感线；磁体；磁力；　　（2）疏密程度；密集；稀疏；

（3）电流；磁场；　　　　　　　　　（4）磁通量；磁通；$\varPhi$.

2. 选择题.

（1）D；　　　（2）A；　　　（3）B.

3. 作图题.

略.

4. 计算题.

（1）1 T；　　　（2）$2.5 \times 10^{-6}$ Wb.

## 练　习　5.4

1. 填空题.

（1）安培力；左手定则；　　（2）0.6 T.

2．选择题．

（1）C；                （2）BC；            （3）AC．

3．作图题．

略．

4．计算题．

（1）0.72 N；            （2）1 N．

## 练 习 5.5

1．填空题．

（1）闭合；穿过导体回路的磁通量；        （2）右手定则；

（3）磁通量的变化率；法拉第电磁感应定律．

2．选择题．

（1）B；    （2）D；    （3）CD．

3．作图题．

略．

4．计算题．

（1）$0.4 \times 10^{-3}$ V；        （2）1 000 匝．

## 练 习 5.6

1．填空题．

（1）阻碍；相反；阻碍；相同；        （2）形状；长短；匝数；有无铁芯；亨利；H；

（3）感应电动势；互感．

2．选择题．

（1）BC；    （2）C；    （3）B．

3．简答题．

略．

## 【自我检测题】

## 第 5 章自测题

1．填空题．

（1）产生力的作用；        （2）北极；磁场方向；匀强磁场；

（3）电磁感应现象；感应电流；（4）有；有；有；

（5）自感；自感电动势；　　（6）从左到右；从左到右；从左到右；从右到左.

2．选择题.

（1）C；　　　（2）B；　　　（3）D；　　　（4）D；　　　（5）C；　　　（6）B.

3．计算题.

（1）$\dfrac{mg}{q}\tan\theta$；　　（2）–100 V；C 点电势较高；　　（3）$5\times10^{-3}$ T；　　（4）10 N；

（5）$7.5\times10^{-2}$ V；$3\times10^{-2}$ A.

# 第 6 章　光现象及应用

【巩固练习】

## 练 习　6.1

1．填空题.

（1）$3.0\times10^{8}$ m/s；快；　　（2）小于；大于；　　（3）45°.

2．选择题.

（1）A；　　　（2）C；　　　（3）D；　　　　　（4）D.

3．计算题.

（1）53 m；　　（2）$\dfrac{\sqrt{7}}{3}$.

## 练 习　6.2

略.

【自我检测题】

## 第 6 章自测题

1．填空题.

（1）光由光密介质射入光疏介质；入射角大于临界角；

（2）相对；光密介质；光疏介质；　（3）传播速度；　（4）光的全反射；

（5）受激辐射；方向性好；单色性好；亮度高；相干性好；

（6）方向性好；亮度高；相干性好．

2．选择题．

（1）C；　　（2）C；　　（3）B；　　（4）A；　　（5）C；　　（6）D；

（7）B．

3．计算题．

（1）$\sqrt{3}$；　　（2）$1.97 \times 10^8$ m/s；$2.26 \times 10^8$ m/s.

# 第7章　核能及应用

【巩固练习】

## 练习　7.1

1．填空题．

（1）质子；中子；质子；电子；中子；质子；

（2）镭；钋；铀；$\alpha$ 射线；$\beta$ 射线；$\gamma$ 射线．

2．选择题．

（1）C；　　（2）B；　　（3）C；　　（4）C．

3．简答题．

略．

## 练习　7.2

1．填空题．

（1）分裂；中子；中子；链式反应；

（2）原子核；重核裂变；轻核聚变；重核裂变；重核裂变；轻核聚变．

2．选择题．

（1）C；　　（2）D；　　（3）C；　　（4）C．

3．简答题．

略．

【自我检测题】

### 第7章自测题

1. 填空题.

（1）质子；电子；中子；质子；电子；中子；　　　（2）可控的；不可控的；

（3）小；核聚变；热核反应；　　　　　　　　　　　（4）核反应堆；内能；电能.

2. 选择题.

（1）C；　　（2）D；　　（3）A；　　（4）A；　　（5）D；　　（6）C；

（7）D.

3. 简答题.

略.

# 综合训练

1. 填空题.

（1）3 500；500；　　　（2）相互作用；大小；方向；　　（3）29.4 J；3 200 J；

（4）放出；$2\times10^4$；　　（5）4 Ω；4 Ω；　　　　　　　（6）$3\times10^8$；慢

（7）重核裂变；轻核聚变.

2. 选择题.

（1）D；　　（2）D；　　（3）C；　　（4）C；　　（5）D；

（6）D；　　（7）D；　　（8）C；　　（9）B；　　（10）D.

3. 判断题.

（1）×；　　（2）×；　　（3）√；　　（4）×；　　（5）√.

4. 计算题.

（1）10 m；　　（2）1 600 N；　　（3）0.45 A；$3.6\times10^5$ J；9 W；　　（4）1 T.